THINK TANK
REPORT

全球科技创新中心人才生态建设

On Talent Ecosystem of Global Innovation Hub

汪 怿　朱雯霞 / 著

上海社会科学院出版社
SHANGHAI ACADEMY OF SOCIAL SCIENCES PRESS

目 录

2014年5月习近平总书记在沪视察工作时，希望上海努力在推进科技创新、实施创新驱动发展战略方面走在全国前头，走到世界前列，加快向具有全球影响力的科技创新中心进军。创新驱动的实质是人才驱动；人才是上海建设全球科技创新中心的重要资源，人才的现状与未来决定着全球科技创新中心的进程。2015年，上海通过《关于加快建设具有全球影响力的科技创新中心的意见》《关于深化人才工作体制机制改革促进人才创新创业的实施意见》《关于服务具有全球影响力的科技创新中心建设 实施更加开放的国内人才引进政策的实施办法》。在人才驱动型创新时代（talent driven innovation）到来的今天，关注和探讨人才，特别是人才生态支撑和驱动全球科技创新中心的建设问题，是一个重要议题。

一、理性认识：全球科技创新中心人才生态的内涵及其特征

（一）内涵理解

1. 关于全球科技创新中心

《全球创新城市指数》从形态上把处于全球创新网络中的节点城市进行了细分，包括五种类型：正在崛起的区域（upstarter）、具有影响力的区域（influence）、节点（node）、枢纽（hub）和轴心（nexus）。其中，轴心是全球创新网络中对全球科技创新网络产生影响最甚的核心节点。从全球排名来看，硅谷所在的旧金山-圣荷西地区、纽约、伦敦、波士顿、巴黎、维也纳、慕尼黑、阿姆斯特丹、哥本哈根、西雅图是全球排名前十的创新轴心，上海也被视为处于“轴心”阵营的一员，但排名相对靠后，排在第 35 位。

Inteligência em Inovação 认为，创新中心(innovation hub)有七大支柱，分别是政府治理(有力的领导、公私合作、长期和跨越式发展、创新的城市政策和复兴计划)、连接性(良好的物理可接入性、一流的数字化基础设施、无缝连接、桥接因素)、集聚环境(经济专业化、知识和创意产业、创业文化、数字基础设施的可接近性、机构合作)、人才和社会环境(合格的人力资源、知识和创意员工、多元和多样文化环境、外国学生和外国员工及居留者、社会网络)、建筑环境(多功能的环境、形象和动态空间概念、独特的建筑、开放的公共空间)、文化环境(独特唯一的标识、文化娱乐设施、活力激情的生活)、自然环境(环境质量、独特风景、可再生能源)。① 由此可以看出，全球科技创新中心创新主体活跃、创新资源密集、创新机制灵活、创新文化发达、创新引领效应显著，是全球科技创新网络具有较强国际竞争力、具有重要影响力和引领力的节点，是全球新知识、新技术和新产品的创新策源地和产生中心之一。

2. 关于生态的研究

据德国生物学家恩斯特·海克尔于 1866 年给出的定义，生态学是研究有机体及其周围环境相互关系的科学，或强调为有机体与非生物环境、有机体之间的相互作用(interaction)的科学。其中，有机体之间相互作用又可分为同种生物间与异种生物间的相

① Inteligência em Inovação, CREATIVE URBAN REGENERATION: THE CASE OF 'INNOVATION HUBS'

互作用，前者称种内相互作用，如种内竞争；后者称为种间相互作用，如竞争、捕食、寄生或互利共生。①

传统生态学研究对象十分广泛，从生物个体直至整个生物圈，而研究者对其中的 4 个组织层次更为感兴趣，分别为个体（individual）、种群（population）、群落（community）和生态系统（ecosystem）。个体方面的研究最为感兴趣的问题是有机体对于环境的反应。种群为栖息于同一地域中同种个体组成的复合体，展现出一系列群体特征，如增长率、年龄结构比、性别比例等。群落是栖息在同一地域中的动物、植物和微生物组成的复合体，其同样展现了一系列新的群体特征，如群落的结构、掩体、多样性、稳定性等。生态系统则是一定空间中生物群落和非生物环境的复合体，生态学家对其能量流动和物质循环更为感兴趣。总而言之，传统生态学在个体范畴上，研究者注重反应，在群体（种群与群落）范畴上，研究者注重特征，在整体（生态系统）范畴上，研究者更为注重流动与平衡。

生态学的分支学科纷繁复杂，而应用生态学视角、生态学方法的社会科学研究也逐渐自成体系。自 20 世纪 50 年代以来，生态学中的信息与能量传递、生态系统、生态因子、生态链、生态平衡等诸多概念迅速被引入各个学科，成为社会问题研究的新手段。

以帕克（Park，R. E，1864—1944）和伯吉斯（Burgess，E. W，1886—1966）等人为代表的芝加哥学派（Chicago School）是最早将生态学原理与方法运用于人类社会问题研究的学者。1921 年，帕

---

① 孙儒泳：《基础生态学》，高等教育出版社 2002 年版，第 1 页。

克和伯吉斯在其著作《社会科学导论》(*An Introduction to the Science of Sociology*)中首次正式提出了人类生态学(human ecology)的概念,开创了生态学概念及理论在人类社会领域应用的先河。1923年,麦肯奇(Mackenzie R.D)发表了《人类社区研究的生态学方法》,形成了较为体系的概念转化及使用。1942年,维尔纳德斯基首先提出了"智慧圈"的概念,是生物圈概念在社会科学中的又一次应用。与此同时,在20世纪的后半期,政治生态学、企业生态学、人力资源生态学的新兴学科也如同雨后春笋般出现,实现了生态学与其他社会科学的全方位、多角度、广领域的学科结合。

3. 关于人才生态的研究

我国对人才生态的研究已有10余年,总体而言研究对象大多为以下四类:人才生态系统、人才生态位、人才生态链、人才生态因子。

美国学者R·佛罗里达认为,对吸引人才产生重要影响的主要变量包括适宜度(amenity measure)、冷清度(coolness index)、多样性(diversity index)、房产平均价格、高技术产业园、地区收入水平等6个变量,每一个指标包括若干具体的指标。其中,适宜度指标包括环境、文化、娱乐的适宜程度;冷清度包括22～29岁人口比例、夜生活(人均酒吧、夜总会或相似设施拥有量)、文化(人均艺术画廊、博物馆拥有量)。[①] 这一研究给予人们的启示在于,对于吸引

① Richard Florida, The Economic Geography of Talent, Annals of the Association of American Geographers, 92(4), 2002, pp.743 - 755.

和引进人才而言，要关注文化环境的作用；构建充满活力的文化环境，是一种重要的环境变量。

唐德章把人才生态系统视作一种能够提供额外价值的工具，他在《人才生态系统的动态平衡及政策措施》说，人才生态系统通过以人才为核心的智能转化，达到认识自然、社会以及改造社会的目的。在不破坏自然和社会生态平衡的情况下，实现人才辈出、知识增殖、经济增殖，这是人才生态系统最基本的功能特征。而以上功能，必须要在人才与人类群体、自然环境、社会环境之间的相互适应和协调发展的前提下方可达成。①

朱达明把人才生态环境分为硬环境和软环境。硬环境泛指构成人才生态环境的所有有形实体的硬件条件。软环境泛指人才生态环境中一切无形的因素。此处软硬的划分与笔者前文的自然环境和社会环境颇为类似，都是把人才生态系统根据改造方式的不同一分为二，使得评估方式更为便捷。②

刘晖认为，人才生态环境是一个由众多复杂因素构成的社会系统，是一个完整的、有内在规律的体系。人才生态系统可分为宏观环境和微观环境，而两种环境对人才的进步和发展同样重要。我国只有在目前的体制、观念、法律等宏观环境及组织内部的机制等微观环境得到进一步的发展之后，方能培养、引进具有创新能力的高素质专门人才，有效使用现有人才，使其潜能得以充分发挥的同时最大限度地实现其个人价值，并且有效防止现有人才流失等

① 唐德章：《人才生态系统的动态平衡及政策措施》，《生态经济》1990 年第 6 期。
② 朱达明：《人才生态环境建设策略》，《理论前沿》2004 年 6 月。

紧迫问题。①

周方涛把区域人才生态系统定义为在特定的空间与时间内，人才和各类相关组织与人才生态环境组成的复合网络系统，是人才在自然生态环境的基础上，通过对自然环境的适应、加工、改造而建立起来的人工生态系统。他描述了区域人才生态系统的三个特征：主动协同特征，即自然生态系统的核心功能之一就是为自然物种的发展提供充分的成长空间以及形形色色的物质和能量。科技创业人才生态系统的存在和发展也是首先服务于系统内中心生物——科技创业人才；重交互特征，即科技创业人才生态系统既具有人才系统的特征，又具有创业系统的特征，其内在运行规律体现多重交互的特征。人才系统研究的是在培养、引进、留住和使用与激励等环节中人才与环境的交互关系。规模效应递增特征，即自然生态系统的动态平衡对于生物物种的发展至关重要。在科技创业人才生态系统的语义范畴中，生态平衡是指科技创业人才规模及其与创业生态环境之间的交流联系达到稳定状况。②

王昌国、沈邦仪在《论全球化视野的人才与生态》中，把人才的生存环境与全球生态系统联系在一起。他们认为全球化进程中面临的自然生态恶化与人文生态断裂，正愈来愈严重地威胁着人才（人类）自身的生存与发展。他们认为人才与生态，人才与环境

① 刘晖：《加强我国人才环境建设》，《工业技术经济》2005 年第 6 期。
② 周方涛：《科技创业人才生态系统略论》，《科技管理研究》2012 年第 18 期。

对立、分裂的态势，迫使人们重新反思传统的人才观、人文观、自然观和发展观，重新审视人才与自然、人才与社会、人才与自身的生态关系。他们把人才视作天地人"三才"关系的总和，而天、地、人"三才"关系又集中地体现为人与自然、人才与自然的和谐协调、同根同源、共存共荣的关系。王昌国把人才与环境的生态关系分为三个基本层次：宇观生态环境、宏观生态环境、微观生态环境，只有协调好人才在三个环境中的关系，方能谈得上发展和进步。①

李锡元引入了两个理论用以建立人才生态环境评价体系：（1）需要层次理论。该理论由美国社会心理学家马斯洛于 1943 年提出。他把人的需要按其重要性和产生次序分为五个层次，即生理需要、安全需要、社交需要、尊重需要、自我实现需要。由于相关论述较多，本文不作详细介绍。（2）心理力场理论。该理论由德国心理学家勒温提出。他把人的内在需求看成是内在的心理力场，把外界环境因素看成是外在心理力场。人的行为活动是现实生活空间内在心理力场和外在心理力场相互作用影响的结果，是个体特征和环境特征的函数：

$$B = f(P * E)$$

式中 B 是人的行为，P 是个体特征（包括内在需求），E 是外界环境。P 和 E 密切相关、相互作用，产生不同行为和结果。②

黄梅在《人才生态链的形成机理及对人才结构优化的作用研

---

① 王昌国、沈邦仪：《论全球化视野的人才与生态》，《学术交流》2013 年 6 月。
② 李锡元、查盈盈：《人才生态环境评价体系及其优化》，《科技进步与对策》2006 年 3 月。

究》中指出，在人才生态系统的建设过程中，可以借鉴自然生态系统中的食物链原理，根据能量、物质、信息等在人才种类中流动的规律和人才种群之间在类别、层次、作用和功能上的匹配关系，把人才划分为生产者人才、消费者人才和分解者人才三个类别，并以此形成了一条类似自然生态系统食物链的人才生态链。这一人才生态链的形成的充分条件是人才集聚，必要条件为竞争与协作，其动力驱动因素分为经济、生态和自我完善与发展三点。借用人才生态链的概念，我国得以优化人才结构，有利于借助人才种核效应，促进人才结构的优化升级；有利于建立合理的人才梯队，优化人才的层次结构有利于实现“人才再生产”和“知识再生产”，改善人才的素质结构。①

在《人才生态链管理——现代人才管理的新视角》中，黄梅则阐述了人才生态链管理的内涵、人才生态链管理的目标、人才生态链管理的理念、人才生态链管理的主体以及人才生态链管理的内容与方法。她提出了人才生态链管理，将其视作一种由整体观、互动观、平衡观、循环观、资源观作为支持的系统管理方法，并将其与已有的人才管理理论和工具很好地结合起来，使人才管理的理论和方法变得更加丰富。②

黄梅还把熵流模型概念引入人才生态区，并通过数理计算的方法考察了中关村科技园的总熵值，并给出一定的建议。她认为

---

① 黄梅：《人才生态链的形成机理及对人才结构优化的作用研究》，《科技管理研究》2008 年第 11 期。

② 黄梅：《人才生态链管理——现代人才管理的新视角》，《科技管理研究》2008 年第 7 期。

海淀园熵值下降有如下原因：

（1）在吸引留学回国人员方面还存在一定的差距。

（2）在吸引和培育企业方面有待改进。

（3）在人才结构和分布等方面亟须优化。

（4）在吸引、引进和配置人才，培育人才载体等方面政策的支持力度有待加强。①

周明丽认为，生态学原理表明，任何一个生物个体或种群的发展都有其特定的资源生态位，成功的发展必须善于拓展资源生态位和调整需求生态位，以改造和适应环境生态位的形成减轻了不同物种之间的恶性竞争。而到了人类社会，每个人才都应有适宜自己发展方向的特定“生态位”。作为由活生生的若干人所组成的有机系统，人才必有一定的生命轨迹，并表现出与自然界中的生物体相似的类生物性能。有效地利用自然资源，使不同物种都能获得一定的生存优势，这正是自然界各种生物欣欣向荣、共同发展的原因所在。②

刘晖在2005年发表的《加强我国人才环境建设》中指出，所谓的人才生态环境是指人才与人才所处的生态环境之间的互动及其各种制约要素的相互影响与均衡。其可分为宏观环境和微观环境。周方涛把区域人才生态系统定义为在特定的空间与时间内，人才和各类相关组织与人才生态环境组成的复合网络系

① 黄梅：《基于熵流模型的人才生态区动态监测体系研究——以北京中关村海淀园为例》，《中国行政管理》2013年第9期。

② 周明丽：《人才生态论——流动的魅力》，《人力资源》2007年10月上。

统，是人才在自然生态环境的基础上，通过对自然环境的适应、加工、改造而建立起来的人工生态系统。王振认为，人才生态系统由生活环境、集群发展、大学科研院所、创业资本和风险投资家、专业服务孵化器、多元融合的创新创业文化等 6 个元素构成。桂昭明教授认为，人才创新创业生态应该包括经济生态、生活生态、自然生态、科技生态、教育生态、信息化生态、市场化生态、社会服务生态、政策和制度生态等 9 个方面。王通讯研究员认为，人才生态有热带雨林、珊瑚岛礁、湿地三种。人才生态应该包括以下四个方面：系统开放流动，局域多元互补，要素制约平衡，整体优化进化。①

4. 关于创新生态的研究

什么是“创新生态学”？最早使用该词的以色列裔著名创新生态学家 Ron Dvir 博士在其《展开创新的立方形》(*Unfolding the Innovation Cube*)一书中这样定义道：“创新生态学是一门研究关于空间、时间、文化、相互关系、基础设施和为创新提供养分以营造外部氛围的科学。”“创新生态学研究的是关于鼓励(encourage)、培育(foster)和催化(catalyse)创新思想和理念，并能使其转化为有价值的工作环境。创新生态学倡导和支持个人、团队和所有机构为经济可持续发展开展研究工作。”伦敦经济学院访问研究员、荷兰裔创新生态学家乔治·波尔(George Por)在解释这门学科时说

① 详见本书附录。

道，“成功的工作生态是一个完整的、有机的生态系统。它将许多原则结合在一起，创造出有活力的、全观的工作场景以建立起与所处环境的相互关系。这个生态系统特别强调一些基本成分：社会经济高速运转的速度、快速变化的工作地点，尤其是企业和股东以工作形式与主体建立起相互作用的关系等”（Ward，A.，1999）。这些相互作用的依赖性和适应性，可以确保企业充满活力，获得可持续发展的结果（Por，1999）。而另一位著名的创新生态学专家，美国康宁公司董事会成员之一的 John Seely Brown 在分析世界这家著名玻璃企业快速成长的原因后指出，康宁的成功在于主体能够将创新带入传统的制造业。在康宁公司，R&D 离公司总部仅有 1 000 英尺之远。Brown 将这种研发机构和公司总部之间的距离比拟为“创新生态学”的和谐完美。为此，他把这种将产品生产的可行性带到实验室，再通过实验室创新解决方法后，又传递给工程师的过程，视为一种新的逻辑创新。可见，创新生态学是一个由许多相关元素组合在一起的复合系统（complex system），这个复合系统正是创新生态学研究的范围。创新生态学主要关注创新过程的时间、组织结构、物理空间、容忍风险、战略、识别与激励机制、技术与虚拟空间、结构性的过程同偶然自发性、知识管理、风险投资、多样性、未来定位、挑战以及国家和地区环境。它们直接关系到创新活动、知识转换能否活动成功。①

2004 年“技术创新生态系统（innovation ecosystem）”这一概念

① 王志章，王启凤：《创新生态学视角下的知识城市构建》，《郑州航空工业管理学院学报》2008 年第 6 期。

被提出——美国竞争力委员会发布了一个《创新美国：在挑战和变化中成长》（“Innovate America：Thriving in a World of Challenge and Change”）的研究报告。李万认为，现在对创新的研究已经由创新1.0（线式范式）、创新2.0（创新系统）发展到了创新3.0（创新生态系统）。创新生态系统组成的基本要素是物种（如企业、大学、科研院所、政府等），物种联结形成了各种群落，物种和群落在共生竞合的相互作用中动态演化，并形成系统整体演化。创新生态系统通过物质流、能量流、信息流实现内部物种、种群、群落之间及与环境之间的物质、能量和信息交换，以维持系统的稳定性和高效性。在一定程度上，物质流包括人力资本、实物资本等；能量流包括知识资本、金融资本等；信息流包括政策、市场信息等。作为能量流的知识或知识资本对创新生态系统运行和演化往往发

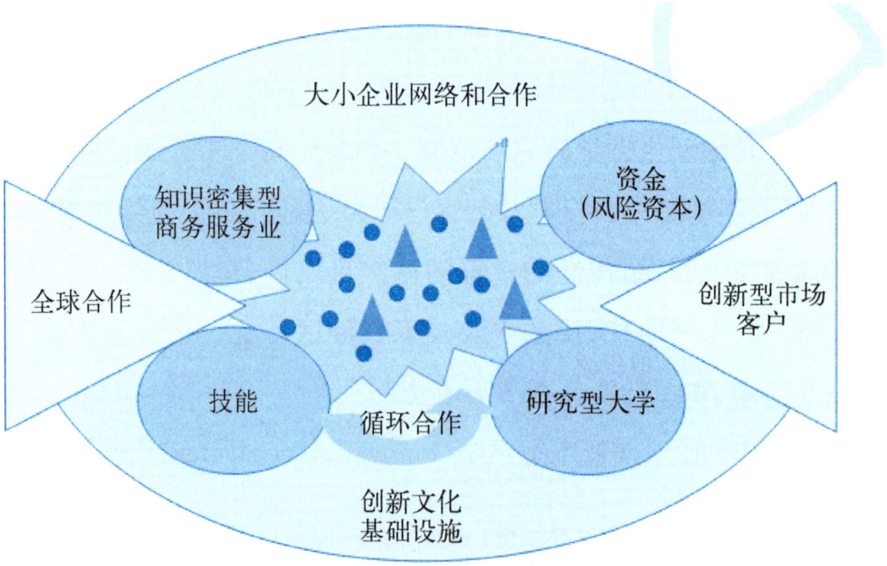

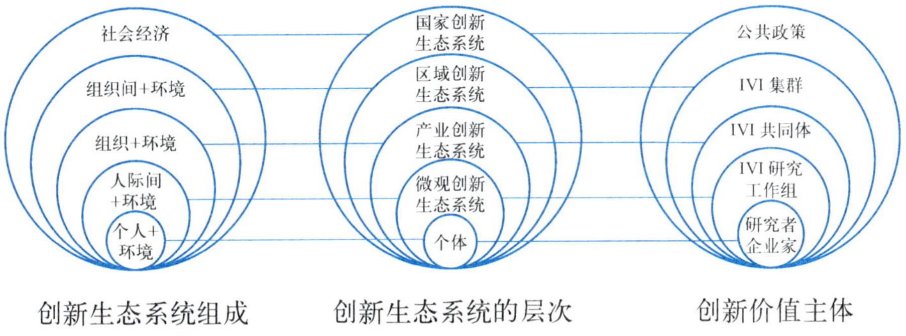

图 1-1

资料来源：European Commission. Open Innovation 2.0 Yearbook 2013[R]. http://ec.europa.eu/digitalagenda/en/news/open-innovation-20-yearbook-2013；以及项目组的整理。

挥着主导作用。[①]

5. 全球科技创新中心人才生态的内涵

结合国内外研究，我们认为，全球科技创新中心是全球科技创新网络中具有较强国际竞争力、重大影响力和重要引领力的节点；是全球新知识、新技术和新产品的创新策源地和产生中心；是全球创新资源密集、创新主体活跃、创新机制灵活、创新文化发达、创新引领效应显著的枢纽。全球科技创新中心人才生态就是基于全球科技创新网络与全球城市网络的视角，以建设全球科技创新中心的创新创业人才为主体，以创新创业资源为支撑，以创新创业平台为载体，由创新创业机制牵引，靠创新创业文化和价值观为引领，受到创新创业制度和政策调节的复合系统。

① 李万等：《创新 3.0 与创新生态系统》，《科学学研究》2014 年第 12 期。

（二）全球重要意义

上海建设全球科创中心，必须深刻把握习近平总书记的讲话精神，按照习总书记“三个牢牢把握”的指示要求，在把握科技进步大方向上，瞄准世界科技前沿领域和顶尖水平，创新基础科技发展，在关键核心技术领域取得大的突破。在把握产业革命大趋势上，面向经济社会发展主战场，以培育具有核心竞争力的主导产业为主攻方向，围绕产业链部署创新链，解决好“由谁创新”“动力哪里来”“成果如何用”等三个基本问题。在把握集聚人才大举措上，创新人才引进，健全集聚人才、发挥人才作用的体制机制，创造人尽其才的政策环境。

“人才是创新的根基，创新驱动实质上是人才驱动，谁拥有一流的创新人才，谁就拥有了科技创新的优势和主导权”。建设全球科技创新中心，必须将上海建设成为“国际一流创新人才汇聚之地、国际一流创新人才培养之地、国际一流创新人才事业成长之地、国际一流创新人才价值实现之地”。在人才发展理念上，进一步突出“**创新驱动实质是人才驱动**”，把人才放在建设全球科创中心的突出战略位置；在人才引进培养上，坚持“**择天下英才而用之**”，实施更加积极的创新人才培养引进政策，集聚一批站在行业科技前沿、具有国际视野和能力的领军人才，培养、用好、吸引各类人才；在人才使用评价上，突出“**市场决定性作用**”，打通人才流动渠道，发挥企业在人才使用评价中的主体作用；在人才分配激励上，推动分配激励制度改革，让人才通过创新获得更多的利益回报和精神鼓励，真正实现“**名利双收**”；在人才发展环境上，打造“**良好创新生态系统**”，形成开放包容、便捷高效的人才发展环境和服务体系。**一是建设全球科技创新中心人才生态是经济新常态的必然要求**。经济进入新常态之后，对人才建设有了新的要求，要从传统优势产业转型升级为人才经济，核心关键是人才。适应经济新常态最需要人才、最稀缺人才。做好人才工作，人才最迫切需求、最突出问题生态问题或环境问题。**二是建设全球科技创新中心人才生态是创新发展的必然要求**。全球创新快速发展，但从数字上来看，中国大陆没有进入创新型国家的行列，无缘进入世界经济论坛全球国家(地区)创新排名前30名，尽管目前我国在工程师数量、SCI论文、申请专利量都位居世界第一，但创新成果与产业脱节、高被引用论文排名、整体转化率、产业化水平都没有靠前。这说明，我们在科技创新方面，确实是落后于发达国家，面临形势依然比较严峻。**三是建设全球科技创新中心人才生态是城市发展的必然要求**。首先，上海人才最大的核心优势就是人才集聚，跨国公司和国内企业的研发中心之所以设在上海，就是因为上海对创新创业人才有吸引力，集聚了大批人才。其次，人才生态建设最大的担心就是用人成本高，社会保障、个人所得税高，用人成本，影响了引人聚才，影响了城市发展。

二、现状与问题：上海建设全球科技创新中心人才生态面临的短板

（一）上海建设全球科技创新中心进程中人才生态的现状

1. 作为创新创业主体的人才

一是集聚培育了一批高层次人才。截至2013年底，本市党政人才、经营管理人才和专业技术人才总量达到458.07万人，拥有两院院士165人（占全国10.60%），引进中央“千人计划”626人（占全国15%），中央“千人计划”顶尖人才3人（全国共4名），引进上海“千人计划”557人，市领军人才1 070人。**二是人才国际化水平明显提升**。截至2014年底，在沪回国留学人才12万余人，常驻上海

外国专家8.8万余人，持有效《外国人就业证》、实际在沪就业外国人7万余人。留学人才在沪创办企业4 600余家，注册资金超过6.6亿美元。自2010年起，本市连续4年在“魅力中国——外籍人才眼中最具吸引力的十大城市”评选活动中名列前茅。

2. 人才创新创业的资源

上海作为我国最大的经济中心城市和具有深厚文化底蕴的现代化国际大都市，为创新人才集聚奠定了重要基础。

表2-1 创业不同阶段对资源的需求

		初创	概念测试	创业早期
		机会识别 机会选择	知识产权保护测试 商业概念测试 选择	内部咨询能力 网络支持
所需资源	技术	研究能力；研究的管理；知识产权能力	研究能力；知识产权能力；经营管理能力（计划能力）	研发能力；商业开发与管理能力
	资金	研发资金；技术转让投资	创新资助；种子基金；技术转让投资	早期风险资本；成长期风险资本
	人力	科学家；技术成果转让专家	技术成果转让专家；商业指导	科学家；管理；董事会成员；咨询顾问
	社会	科学网络	科学网络；产业网络；创业者网络	科学网络；本地及国际的产业网络、创业者网络

资料来源：Jean-Jacques Degroof and Edward B. Roberts (2004), “Overcoming weak entrepreneurial infrastructures for academic spin-off ventures”, MIT-IPC-04-005, April 2004.

(1) 高校、科研院所资源

上海高校、科研院所集中，现有普通高等学校 68 所，其中教育部直属高校 8 所，“985 工程”高校 4 所，“211 工程”高校 9 所。上海现有国家重点实验室 41 家、工程(技术)研究中心 39 家、国家工程实验室 11 家，集聚了上海光源、转化医学中心、蛋白质中心、肝癌科学等一批重大科技基础设施，中科院上海微系统研究所、中科院上海生命科学院等一批国家级科研院所，中科院上海高等研究院等一批新型科研机构，承担了大量国家重大战略任务，如国家载人航天、探月工程、载人深潜等，一批国家项目如大飞机、北斗导航应用、核电等先后落地，一批重大创新成果如千米级二代高温超导带材、半导体照明等取得突破，产学研用结合紧密，国际学术交流广泛，对人才的吸引力、集聚度相对较高。众创空间逐步发展。目前，本市已有创业苗圃 71 家(累计预孵项目 5 300 多个，49%成功注册)、市级孵化器 107 家(在孵企业 6 300 多家，毕业 2 000 多家)、加速器 13 个，涌现了起点创业营、苏河汇、乐波空间等一批新型众创空间，为创业生态体系丰富了服务、增添了活力。

(2) 企业创新资源

一是加强企业技术中心体系建设，推动企业技术中心成为企业创新的主要载体。到 2015 年底，上海已拥有宝钢集团、上汽集团、建工集团等 63 家国家级企业技术中心；建立了包括电气集团、上海医药、中航商发等 496 家市级企业技术中心，以及 1 100 家区级企业技术中心。二是搭建产学研合作的平台。上海市产学研合作创新示范基地，累计达 15 家；本市企业联合上海交大、复旦等高校和各类科研院所，依托市级以上企业技术中心建立了200多家各类产学研合作机构，形成了项目联合攻关、共建研发机构、组建产业创新联盟、设立产学研合作创新示范基地等多种模式，积极探索适应不同产业特点的产学研用相融合的发展模式。三是启动制造业创新中心建设工作，推进新型研发机构的建设。四是上海总部经济特征明显，跨国公司地区总部、外资投资性公司和研发中心累计达1 168家，这些机构有效促进了资本、人才等创新要素集聚。上海产业基础发达，在一些高端制造业和战略性新兴产业领域走在前面，为打造具有全球影响力的科技创新中心，集聚人才提供更好的机会和平台。

（3）资本资源

一是发挥政府引导基金的引导和放大作用，缓解科创企业“最先一公里”的资金来源问题。本市设立了总规模30亿元的创业投资引导基金和总规模10亿元的天使投资引导资金。到2015年末，本市创业投资引导基金累计投资38家创投基金，认缴出资规模约23亿元，参股基金总规模约128亿元，资金放大近6倍。累计投资项目超过500个，超过90%的企业为新一代信息技术、生物健康、新材料、新能源等领域的早中期科创企业。天使引导基金累计投资天使投资基金16家，基金总规模约18亿元，天使引导基金认缴出资规模为3.4亿元，资金放大近6倍。人保财险上海分公司推出首台（套）重大技术装备保险业务，截至2015年底，已签署5单，总保障金额近10亿元，签约项目均是重大创新项目，这些举措为缓解创新创业人才融资难、融资贵等问题，起到了一定的作用。

二是加快创业投资机构发展。到 2016 年 3 月，上海已有在中国基金业协会完成登记的私募基金管理人超过 5 500 家，约占全国的 1/4，其中：私募股权投资基金管理人 2 140 家，管理基金 1 961 只，认缴规模 6 875.93 亿元；创业投资基金管理人 259 家，管理基金 230 只，认缴规模 384.37 亿元。此外，本市于 2014 年 11 月组建了上海集成电路设计产业创业投资基金，一期规模 30 亿元。2015 年 12 月，市科委、市财政局和市发改委印发了《上海市天使投资风险补偿管理暂行办法》，通过投资风险补偿，引导社会资本加大对种子期、初创期科创企业投入力度。上海股权托管交易中心加快股权投资基金份额报价转让市场建设，进一步丰富了资本市场股权投资退出渠道。

三是推动股权投资企业开展境内外双向投资。本市外商投资股权投资企业的试点范畴已从大型股权投资基金逐步扩展至天使投资和风险投资基金等，2015 年共吸引了 12 家优质的境外基金在沪设立 QFLP 试点。市商务委鼓励支持相关企业以股权投资的方式并购境外高新技术企业，整合全球科技资源，至 2015 年 10 月，上海企业累计对 97 家境外高新技术领域企业进行投资或并购，境外投资额达 32.1 亿美元，占同期本市境外投资额的 11%。

（4）市场基础

截至 2013 年底，全市持证人力资源服务机构 1 110 家，全年实现营业收入 1 467 亿元。中国上海人力资源服务产业园区成为国家人力资源服务标准化示范建设区。招聘、派遣、人力资源外包、培训、人才测评、高级人才寻访、人力资源管理咨询等人才服务业态较为齐备，国有、民营、外资多种所有制共同发展的格局基本形成，市场配置人才资源的能级不断提高。

3. 人才创新创业的机制

一是科技成果转化改革激发了人才内在活力。通过下放科技成果使用权、处置权、收益权“三权”，明确科技成果市场化定价机制和提高科研人员成果转化收益，一部分高校转化的科技成果逐渐冒出来，人才创新创业氛围日渐浓厚。上海理工大学以太赫兹技术作为无形资产占股成立太赫兹研究院，其中大部分股份将授予研发团队。上海海事大学有关项目成果技术入股 30%成立公司，其中 75%将奖励给研发团队。上海工程技术大学将专有技术以 200 万元转让给有关汽车服务公司，用于置换其 10%的股权，并将其中的 70%奖励给研发团队。中国科学院上海高等研究院形成明确管理架构、明确评估机制、明确激励分配机制的经验。

二是科研工作绩效激励力度不断加强。一方面，科技人才在科研经费的劳务费比例和标准得到调整；另一方面，对科技创新人才股权激励的办法、机制、范围也得到探索。例如，集成电路研发中心、微电子装备公司和仪电集团下属三家企业按照张江办法实施了股权激励；一些创投企业探索建立了项目团队跟投机制；一些上市公司，在实施股权激励时将核心技术人员纳入激励范围，有效实现科技人员“名利双收”。

三是科研人员双向流动有了实质性启动。上海市肿瘤研究所有关研究员经研究所领导班子集体决策、公开、透明、规范程序，在完成肿瘤所科研任务的情况下，到生物医药公司转化研究和产业化工作，打通了科技成果转化的通道，推进了肿瘤所科技成果的产业化。又如，本市有关高校在市教委的支持下，积极探索人才柔性引进机制，开辟政府与高校的“旋转门”机制，鼓励具有实务经验的行业人才在高校兼职，鼓励高校教师在政府部门挂职，推动高校智库与政府决策需求的对接。此外，在推动科研人员双向流动中，一些机构还探索出富有成效的流动模式。如中科院上海高研院走出带土移植的自主创业模式（鼓励研发团队“带土移植”整体进入产业化公司，提高转化的存活率）、师徒徒传承的转化模式（即导师在研究机构里开展应用型研究，持续产生成果，学生在企业做产业化；待公司做大或引进重大投资后，其学生或转型为职业经理人，或转为技术管理的 CTO，相关核心人员正式离开高研院进入公司）。

四是人才评价“直通车”“绿色通道”，为科学评价人才开辟了新路。据数据统计显示，在 2015 年高级职称评审中，海外高层次留学人才采用“直通车”的方式，1 人评为正高，4 人评为副高。国内特殊人才采用“绿色通道”的方式，有 2 人破资历评为副高（即中级专业任职经历不满 5 年），有 5 人破学历评为副高（即未取得大学本科学历）。

五是科技创新人才培养力度得到进一步加强。上海高校依托“高峰”学科点引进了一批高水平人才。目前，纳入 I 类高峰学科建设计划的 21 个学科点已引进 72 名人员（其中：从境外引进 49 人、国内引入 23 人），在第三方评估机构已经完成评估的 44 人中，达到“国际水平”的13人、“国内顶尖水平”的8人、“国内较高水平”的13人（达到“国内较高水平”以上人员占比接近80%）。在出国境培训方面，在市外办支持下，国有企事业单位科研人员因公出国已经按照有别于党政机关人员的方式分类管理，国有企事业单位科研人员出访因工作需要进行确定，不实行限量管理。

六是引才、用才、留才的政策体系基本建立。目前，上海形成了居住证、居住证积分、居转户、直接落户相衔接的国内引才政策和以海外人才居住证（B证）、外国专家证、直接落户、出入境便利为主的海外引才政策。探索实施企业股权和分红激励办法，以及自主创新和科技成果转化分配激励机制。研究建立支持高校教师向企业流动机制，促进产学研人才的交流和深度融合。设立了市级创业投资引导基金、科技信贷风险补偿专项资金、浦发硅谷科技银行，为科技创新企业提供融资服务。

七是人才创新实力稳步提升。根据《2013年科技年鉴》统计，2012年本市每100位研发人员全时人年平均发表国际论文19.25篇，国际论文平均被引15.84篇、被引52.17次，三项指标值位居全国第2位；2013年本市每100万人发明专利授权量在全国位居第2位，PCT国际专利申请量位居全国第4位。

八是人才综合服务不断改善。事业发展舞台不断拓展，人才居住、医疗、子女教育等突出问题得到初步缓解，公共服务质量不断提高，创新创业文化氛围不断增强。

4. 创新创业人才发展环境

一是工商登记程序简化、时间缩短。伴随工商部门“集中登记”和“一址多照”、电子营业执照试点、“三证合一、一照一码”改革以及在浦东新区、徐汇、虹口、长宁等部分区县复制推广企业准入“单一窗口”制度，大幅缩短企业准入阶段的办事时间。

二是人才创新创业服务体系得到加强。一方面，众创空间快速发展，为人才创新创业提供良好的空间载体。截至 2015 年底，全市现有各类众创空间孵化机构超过 450 家，较上一年末增加约 50%。其中，创业苗圃 71 家，孵化器 149 家，新型创业服务机构 209 家。新增创业学院 8 家，新增备案创业导师 150 人，同比大幅度增加。据不完全统计，2015 年，全市创业苗圃吸引了近 1 000 个创业团队入驻创业，820 名毕业生选择全职创业，在校生也有 1 104人边读书边创业。另一方面，科技创新券有效调动创新创业者和科技创新服务机构发展。创业团队和科技企业通过市科委发放的“创新券”，在使用加盟上海研发公共服务平台的仪器设备给予补贴，调动了企业使用研发公共服务平台的积极性，2015 年 7 月 1 日起正式使用以来，1 480 家企业及 14 家创业团队的科技创新券申请，涉及总额度 7 395 万元。与此同时，调动了企业加盟上海研发公共服务平台的积极性，5 276 台大型科学仪器设施和 124 家上海市专业技术服务平台提供的 866 项研发服务，涵盖加盟上海研发公共服务平台。

三是医疗环境得到改善。根据海外人才的就医需求，在华山医院涉外医疗服务模式的基础上，探索完善涉外医疗服务流程。组织编撰海外人才在沪就医指南，第一批确定 18 家各类医疗机构，按现有的特需（涉外）医疗就诊须知（就诊流程）和特需诊疗科目，已签约的商业保险公司及外语服务能力等内容，配以相关图片后汇编形成网络版海外高层次人才国际商业医疗保险就医使用指南，并在上海国际人才网上发布。同时，有关部门重点推进产品开发、健康管理服务、高端医疗服务专线、医院网络建设等方面的工作。目前，海外人才可参保保障额度更高、保障范围更广的团体高端医疗保险产品；投保高端医疗产品的海外人才，可获得国际旅行救援、国际医疗救援，网络医院就诊预约、医疗机构推荐和建议、直付等服务。有关机构还开通 10108686 咨询热线，为海外人才提供“7×24 小时”双语电话服务。

四是子女入学便利有所增加。有关部门加大了外籍人员子女学校建设规划力度，依据外籍人员及其子女数量和分布情况统筹，为引进的海外高层次人才开通“一条龙”服务通道，同时，本市新增了上海惠灵顿国际学校和上海法德学校两所外籍人员子女学校，进一步扩大国际化教育资源供给。

5. 人才创新创业集聚区

上海在推进人才生态建设进程中，注重发挥区县的作用，抓紧建设各具特色的科技创新集聚区。**一是浦东新区打造张江科技城**。制定发布《上海建设具有全球影响力的科技创新中心浦东新区行动方案（2015—2020 年）》《浦东新区科技创新“十三五”规划》

《浦东新区关于进一步完善鼓励市民创业政策的实施意见》《浦东新区鼓励创业促进就业三年行动计划(2015—2017年)》《关于加快推进中国(上海)自由贸易试验区和上海张江国家自主创新示范区联动发展的实施方案》等一系列政策法规和规划方案,开展"双认定"扩围试点的研究工作。**二是闵行区建设上海南部科技创新中心,**制定了《紫竹国家高新技术产业开发区科技服务业区域试点工作实施方案》,明确了创新集聚区的重点任务和具体举措。**三是嘉定区推进新兴产业发展示范区建设,**制定《中共上海市嘉定区委、上海市嘉定区人民政府关于加快建设具有全球影响力的科技创新中心重要承载区的实施意见》《关于加快建设具有全球影响力的科技创新中心重要承载区三年行动计划(2015—2017)》等配套政策。**四是杨浦区建设万众创新示范区,**发布《关于大力促进创新创业若干政策办法(试行)》,实施万众创新示范区建设、知识技术策源高地建设、技术转移集聚高地建设三大战略,推进"一圈、一廊、一谷、一园"建设,打造"上海创智城"。**五是徐汇区大力发展科技服务业,打造科技创新商务区。**形成主要围绕众创空间、科技创新服务券、知识产权等3个领域的徐汇科技创新的"1+X"政策体系。加强与漕河泾开发区、徐汇滨江、徐汇中城、南徐汇等重点功能区的资源共享和联动发展,拟将滨江枫林板块建设成为国内一流、亚洲有影响力的生命健康产业高地。**六是浦东临港产业区推进"临港国际智造中心"建设。**目前,区内的上海核电装备制造业已基本形成了设计研发、装备制造和配套检测的完整产业服务。以上海电气为龙头的临港核电装备制造基地可生产核岛主设备、常规岛的百万千瓦级核电汽轮机发电机组。

（二）上海建设全球科技创新中心人才生态的案例研究：张江国家自主创新示范区的案例

1. 总体情况

近年来，张江示范区围绕上海建设具有全球影响力的科技创新中心的战略部署，结合张江建设世界一流科技园区的规划目标，整体谋划，聚焦重点，深入贯彻《中共上海市委、上海市人民政府关于加快建设具有全球影响力的科技创新中心的意见（沪委发〔2015〕7号）》及有关配套政策，着力布局承载科创中心建设的核心载体，构建创新创业生态体系，培育新兴产业，面向全球集聚高端人才，以进一步夯实“四梁八柱”，为长远发展打下坚实基础。

一是构建了科技创新和新兴产业的战略高地。表现为创新资源加速集聚，创新产出加速增长，新兴产业加速发展。目前，张江汇集了科技型企业7万余家、200万名从业人员和上海80%以上的高端人才，集聚各类研发机构1 400余个、高等院校44所，2015年1月—11月新增企业1.4万家。2015年总收入3.58万亿元，出口创汇643.71亿美元，实缴税费2 431.54亿元，净利润2 013.15亿元，分别同比增长6.6%、7.2 %、7.0 %和9.3%。现拥有自主知识产权12万件，世界领先、国内首创的新技术、新产品达到数千个。

形成了新一代信息技术、高端装备制造、生物、节能环保、新材料五大主导产业集群；新能源、新能源汽车两大先导产业集群；高技术服务业、文化科技融合产业集群和“四新”经济产业。其中，生物医药产业具有我国最为健全的研发、转化、产业和服务链，集成电路产业占全国市场的2/3，对上海周边地区以及长三角地区的生物医药和集成电路产业具有很强的带动作用。

二是具备了较为健全的创新生态和国际化发展功能。目前，示范区内外籍专家和留学生达4.5万人；外资和港澳台资企业近7 300家；跨国公司研发中心近370家，占全国约1/4，来自世界500强企业占比达全国1/3左右；示范区与自贸区的联动发展，也为创新要素的国际合作和跨境贸易提供了便利；同时，海外园区、研发中心、孵化基地的布局等，为形成持续广泛的国际合作，提供了多样化的市场合作机制。区内124个分园管理机构，半数以上为混合或民营经济实体，具有资源配置的自主权，能够通过市场配置创新要素和生产要素，为产业梯度转移提供了基本条件。另外，示范区内600余个公共技术、知识产权、科技中介、科技金融、人才服务、企业信用、创业孵化、创客空间等各类公共服务平台，面向全国乃至全球提供业务。科技园区、大学校区、公共社区的“三区联动”促成了城市功能、文化功能、创新功能和产业功能的有机融合。

三是建立了一套行之有效的政策保障体系。加强顶层设计，谋划总体布局，围绕上海科创中心建设制订《张江国家自主创新示范区推进具有全球影响力科技创新中心建设的总体行动计划

（2015—2020年）》；落实国家对大众创业万众创新的总体要求，制定《张江示范区创业示范工程建设的实施意见》等文件。先后实施张江专项政策100条，围绕创新创业服务，优化示范区综合创新创业环境，培育有全球影响力的创新型企业，培养和聚集优秀创新人才；布局协同创新服务示范平台；创业服务电商平台；创客加；创立方创业企业服务平台、科技投融资资源整合平台等。各分园所在区县分别设立"双创"引导基金，"天使"投资引导基金等加大支持力度。政策效应明显。据不完全统计，累计支持768个重点项目，总资助额为75.18亿元，带动企业新增投资808.73亿元。其中，支持各类公共服务平台160个，服务企业7万余家；资助新三板挂牌企业159家、上市企业32家；支持引进海外人才2万余人，培训人员17.5万人，资助29个海外高层次人才创业基地和9个留学生创业园，支持人才公寓面积达到70余万平方米，支持海外人才预孵化基地18个；资助促进创新成果转化项目552个。

2. 优化重大科技创新布局

根据市委市政府建设科创中心的总体部署，按照张江示范区推进具有全球影响力科技创新中心建设的五年行动计划，谋划建设各具特色的创新功能集聚区、建设重大创新功能型平台、实施重大战略项目等，布局对接全球创新体系的重要区域和战略高地。

一是市、区、园联动布局科技创新功能集聚区。选择条件成熟的重点区域，通过先期布局、陆续拓展，组织有关区县、园区建立推进张江示范区科技创新功能集聚区建设联席会议制度，加快推动张江示范区内包括张江科技城（张江国家综合科学中心）、嘉定新兴产业发展示范区、漕河泾科技服务示范区、杨浦万众创新示范区、闵行产业创新示范区、桃浦科技智慧城、国际技术转移等七大功能集聚区建设。目前，张江专项资金已立项支持张江科技城、嘉定、杨浦、国际技术转移四大功能集聚区建设，并正着手布局支持其他功能集聚区建设。

二是加快培育“四新”经济创新基地建设。以张江示范区新兴产业发展规划和各分园特色主导产业为基础，选择重点区域、重点领域、重点企业和重点团队，联合市经信委培育发展“四新”经济创新基地，推进园区转型升级；支持园区实施新兴产业资源集聚和创新生态环境建设，推进产学研联合建设专业科技园区；支持龙头企业领衔特色产业基地建设，通过扩展服务外包、提供共性技术服务、创建企业创新联盟、联合设立产业基金等多种方式带动产业链上下游企业发展。目前已确定 85 个试点基地，分布于 40 余个新兴产业细分领域。同时，研究编制了“四新”基地建设手册，并开展业务培训，引导试点基地科学可持续建设发展。

三是积极构建产学研协同创新中心。以张江高校协同创新研究院为工作抓手，积极配合市教委推进“2011 计划”，协调推进协同创新中心与特色产业基地建设。重点协调园区联合高校共建产学研协同创新中心，形成产学研用合作的新模式；重点支持园区企业与高校院所联合实施创新成果的产业化转移，创新利益共享机制，建立稳定的创新合作利益共同体；重点支持产学研共建创新成果转化中试基地和共性技术服务平台，着力推进具有国际先进水平和填补国内空白的项目转化，发挥产学研协同创新的带动效应。例如：协调推进了上海理工大学的“上海太赫兹波谱与影像技术协同创新中心”与示范区内有关科技企业共同承担张江重大专项“太赫兹技术产品中试基地”，并联合沪上创新优势资源共同建设协同创新平台，力求抢占太赫兹技术产品的主要市场和国际高地。

四是布局一批重大产业创新战略项目。2015 年度，张江专项资金支持以推进创新成果转化、创新公共服务模式、拓展国际合作为主要内容的项目共 24 个，资助金额超过 12.9 亿元。先后布局了量子通信、太赫兹技术、干细胞等一批国际领先项目。其中，量子通信产业园（一期）在陆家嘴 7 家金融机构建立量子保密通信网的机房光纤线路。此外，还包括移动互联网视频产业园、科技创新成果转化集聚区以及集成电路生产线有关设备中试、原创 1.1 类抗癌新药临床试验和中试、抗体和疫苗生物制造技术应用服务平台、原材料和装备国产化中试基地建设（一期）、原创生殖健康药具中试及产业化服务平台、集成电路制造工艺控制共性技术服务平台等项目。

五是创新公共服务模式，启动一批具有示范效应的项目。例如，创业服务电商平台通过创造“互联网＋创业服务”的新模式，借助基于大数据分析挖掘技术，实现创业服务需求和创业服务资源精准匹配，在电商产业领域建设国内首个基于大数据和云计算技术的创业服务电商平台，带动相关服务业的发展。目前，数据平台正在开发中。科技投融资资源整合平台向张江示范区企业和投融资机构免费提供撮合服务，项目完成后将形成一个投融资机构和企业资源的数据库，一个针对 30 个重点产业细分领域不同企业的融资需求评价模型，一个对应30套融资需求评价模型，每套模型分别设计基金、PE、VC、天使投资4种融资产品，共120种产品的专业产品体系。目前，项目正在实施中。国际技术转移转化运营试验区以“技术银行”为核心，以运作资本的模式运作技术成果，构建包括3大功能区域5大类17个专项为主要内容的国际技术转移转化新业态。截至2015年12月底，项目建立了以技术产品、技术投资银行、技术保险为主要内容的技术资产管理体系，技术银行内部存储的技术申请的知识产权已完成933项，完成技术许可、转让52项，3个行业专利数据库拥有4万条国内外专利。

六是拓展国际合作，启动建设张江示范区波士顿园。通过在美国波士顿建设实体园区，构建企业、项目、技术、人才引进来和走出去的海外基地，为科技创新的国际合作、为企业开拓国际市场提供海外载体；打破中美科技创新合作壁垒，发挥中美合作的辐射带动作用。重点包括“1＋7＋6”体系。即1个约100亩、建筑面积约1万平米的实体园区，中美创新人才培养和交换平台、中美尖端科技领域联合创新平台、中美创新技术研发和交流平台、中美创新成果转化和交易平台、中美创新企业国际市场拓展和合作发展平台、中美新兴产业培育和孵化平台、中美创新资本服务平台等7个平台以及六大中心建设。2016年2月26日在波士顿举行了开园仪式，目前，园区建设的各项工作正在按节点推进。

3. 建设创新创业人才高地

围绕建设具有全球影响力的科技创新中心的总体部署和建设

世界一流科技园区的规划目标，张江积极推进人才体制机制改革，促进人才创新创业，营造良好的人才发展生态。

一是在海外人才引进政策方面。组织开展了人才需求梳理、发布人才需求目录10期；通过人才服务平台及重大项目牵引，引进中央和上海"千人计划人才"17名、外籍专家210名；落实了对园区延聘高端人才的补贴政策；在11个国家和地区布局了18个海外人才预孵化基地，实现了人才、技术、项目和资本的整体孵化，2015年引进了5个团队；联合市公安局等部门，争取公安部的出入境管理12项先行先试政策落地，并于2015年7月1日颁布实施；与公安部出入境管理局建立了定点联系合作机制；在市出入境办事大厅、各园区增设了"张江示范区出入境管理局办证服务点"，制定了工作指南；针对外国留学生在沪创新创业，制定发布了《上海高校外国留学生到张江国家自主创新示范区就业办理工作证明的办事指南》。

二是在人才集聚便利化服务方面。积极开展人才服务平台试点工作，依托试点平台，组织开展政策宣传、信息服务和办事指导。现有9个平台可提供线上线下相结合的人才服务，7个平台实现了一口受理、一站服务，初步统计仅去年5月—10月，平台计服务15万人次。

三是双自联动建设人才改革试验区方面。建立接轨国际的合同管理、议价薪酬、异地工作的用人模式，依托干细胞、量子通讯、医学大数据、先进传感器等重大项目，集聚了470余名国内外专家。深化开展人才培养产学研联合实验室建设试点，建立了导师带教研发、转化成果、承接研发外包、人才共享收益的实验室用人模式，并对实验室建设给予资助。2015年1月—10月，创建实验室18个，吸收研究生6 400余名。

四是在改革科技成果转化制度方面。创设了张江高校协同创新研究院，组织协调高校创新成果转化平台建设，已在园区设立了23个协同创新中心；2015年1月—10月，已签署技术开发合同的转化项目155个，合同金额1.14亿元。配合财政部在中科院上海高等研究院和上海药物所试点，资助绿谷研究院提升转化功能等。积极推进成果转化中试基地和重大共性技术服务平台建设。量子超导器件中试平台、先进传感器中试基地、干细胞转化中试基地、太赫兹装备中试基地、抗体疫苗成果转化平台、集成电路晶圆片测试平台、软件创意设计等共性技术服务平台等转化平台已进入建设中期。联合中科院上海分院在嘉定园构建的创新成果转化服务平台建设业已启动。

五是在对加大科研人员激励力度方面。先后在31家企业开展了股权和分红激励试点工作，并配合市发展改革委修订了股权激励试点实施方案，已报市政府常务会议审议。国家关于高新技术企业和科技型中小企业科研人员通过科技成果转化取得股权奖励收入时，可在5年内分期缴纳个人所得税的税收优惠政策以及关于股权奖励个人所得税递延缴纳的两项税收政策已全面推开。制定实施张江专项资金对开展股权激励企业的资助政策，对企业发生的科技成果评估、定价等中介服务费给行补贴。加大张江专项资金对成果转化项目人才团队的资助力度，取消项目预算编制中对用于人才经费不超过 20%的比例限制；创新科技成果转化项目的预算编制和管理办法，实行框架预算和明细决算相结合、灵活预算与严格决算相结合的管理制度，赋予转化项目人才团队更多的经费使用调配权和自主权。

六是在人才培养、流动、评价等方面。联合市经信委深化 9 个重点领域人才实训基地试点并予以资助，通过利用跨国公司和龙头企业的国际资源，开展面向产业链的人才培养和输送，实现了跨国公司人才、技术和管理模式的溢出。2015 年 1 月—10 月，参与实训的人才 3 000 余人，被产业链相关企业聘用 1 100 余人。着力培养懂技术、金融、市场和企业经营的复合型人才，解决转化型人才匮乏的现状。通过 36 个人才服务和培养试点平台，培训各类人员达 2 万余名。聚焦项目中试、试制、推广等关键环节，优先并加大产学研人才合作的创新成果转化项目支持力度；建立项目人才团队劳务合同审核制度，引导高校院所科研人员向企业一线有序流动。2014 年 9 月以来，到企业兼职的 700 余人，其中包括千人计划、浦江计划、长江学者、优秀科技带头人计划、启明星计划人才等高端人才 120 余人。探索建立了社会化、市场化的人才及重点团队评价体系。

七是在优化人才创新创业的综合环境方面。制定印发《关于开展张江国家自主创新示范区创业示范工程建设的实施意见(试行)》，聚焦推进众创空间布局、服务平台建设、产学研用协同、创新创业品牌建设四大工程。在园区 74 个孵化器和 50 个“四新”经济创新基地，配套建设众创空间，2015 年新增众创空间 120 余个，新增建筑面积12万平方米；制定实施企业服务外包补贴政策，引导企业向嵌入产业基地的创客购买技术和产品创新服务；打造创客品牌，布局了一批新型创业载体，构建了新型众筹平台和约4 000平方米的公共创业实验室。

八是在拓宽人才创新创业投融资渠道方面。与市金融办联合开展科技融资服务平台建设试点，22个科技金融服务平台已经对接园区企业客户3.2万家、各类金融产品供应商2 300余家，探索形成了多种创新服务模式。张江专项资金对科技融资服务平台、科技支行、保险服务机构、创业投资机构进行引导性补贴，对企业并购重组、贷款贴息、挂牌上市等给予补贴。依托飞马旅公司构建新型众筹平台，深度孵化45个快速成长创业项目。联合市金融办，分别设立了嘉定园金融谷、长宁园财富天地和陆家嘴园、黄浦园、宝山园、漕河泾松江园等6个互联网金融产业园，着力打造业态集聚和功能集聚的科技金融专业园区，夸克金融、众金金融等一批新型企业入驻园区。

九是在加强人才创新创业服务体系建设方面。提升张江示范区人才网信息化服务功能，构建连接22个分园的人才服务网络，2015年已开展线下活动20余场，为5 000余名人才（含500余名CEO）提供政策咨询、创新创业推介等公共服务。联合有关部门推进人才服务、知识产权、企业信用、科技中介、科技融资、专利联盟等8项试点，各试点平台已经形成服务特色。与市经信委联合开展企业信用管理服务平台建设试点，12个企业信用管理服务平台均由具有资质的信用服务企业承建，目前各平台已经建成企业信用管理数据库，形成了评信、征信、用信体系。其中，金电联行承建的平台已经在全国多个城市建立了信用服务网点。建立了的 11 家知识产权服务试点平台，为 1.7 万家企业提供了服务；建立了张江中国专利大数据基地和中国专利检索咨询张江代办处。

十是优化人才生活保障和营造创新创业社会氛围。通过贷款贴息等推进人才公寓等建设。2015 年，园区新增人才公寓面积 11 万平方米，改造利用的社会房源 3 400 余套。开展了“张江杰出创新创业人才”评选等工作；组织了数十场次的创业活动，打造了张江赛马会、全球创业张江日等创业服务品牌；结合“活力张江”品牌建设，举办了“321”“星创师”创业大赛等各类专题活动，据不完全统计，2015 年各园区举办各类人才活动 917 场次，与会 7 万余人次；与新华社上海分社、《中国日报》等开展战略合作，打造了“张江发布”等宣传推广平台，以进一步提升张江的影响力和软实力。

另外已经启动任务还有 23 项，目前正在深入推进。这些工作包括依托重大功能性共性技术平台引进国际大师；张江示范区闸北园人才服务平台（上海人才服务行业协会）承办的引进联合国项目专家数据库工作；上海自贸试验区海外人才离岸创新创业基地建设；民营张江银行的筹建工作；参与上海股权交易中心“科技创新版”筹建工作方案的论证和制定；配合市发展改革委修订股权激励试点方案；制定十三五张江专项资金使用与管理办法；联合中科院上海分院在嘉定园构建的创新成果转化服务平台建设；实质启动张江波士顿园七大功能性平台建设等。①

① 张江管委会相关资料。

（三）全球科技创新中心人才生态建设的调查

为了解上海建设全球科技创新中心进程中人才生态发展的若干问题，我们对本市高校、科研院所、徐汇区、浦东新区等区县从事科技创新工作的人才进行了问卷调查。课题组发出问卷400份，回收328份，有效问卷326份。

1. 被调查对象的概况

此次调查，男性占62%，女性占38%。基本特征可以概括为：第一，年纪轻，以中青年科技人才为主，其中，26—30岁占20.2%，31—35岁占35.3%，36—40岁占19.3%，41—45岁占9.8%，四者合计达到84.6%。第二，学历高，博士占44.5%、硕士占21.8%，两者合计逾六成，本科占28.8%，大专占4.3%，中专及以下占0.3%。第三，层次均衡。具有各类职称的科技人员占七成，其中正、副高级职称人员占26%，中级职称占30%，无职称的人占三成。第四，从参加工作的时间来看，3年及以下占26.7%，4—6年占15.3%，7—10年占21.5%，11—15年占13.8%，16—20年占8.9%，21年以上占13.8%。

2. 科技人才的性质

第一，科技人才工作单位性质。来自高校、科研机构的占

50.9%，其他事业单位占 18.1%，两项合计 69%；国有企业、民营企业、外资或合资企业分别占 11.7%、8.6%、4.6%，三者合计约 25%。

表 2-2　被访对象有关情况

单位性质	占比(%)	按单位属性分类	按体制内外分类
党政机关	5.5	5.5	86.2
高校与科研机构	50.9	69	
其他事业单位	18.1		
国有企业	11.7	24.9	
民营企业	8.6		13.2
外资或合资企业	4.6		
其　他	0.3	0.3	0.3

第二，从事研究性质。从事基础研究的占 38.3%，应用研究占 33.4%，科研管理占 14.1%，教学占 12.3%。第三，研究领域。生物技术(16.82%)、信息(12.51%)、教育(11.31%)、医药卫生(8.8%)、新材料(8.21%)、其他(7.61%)、宣传思想文化(4.9%)、金融财会(4.9%)、装备制造(3.7%)、能源资源(3.7%)、现代交通运输(3.4%)、国际商务(2.7%)、生态环境保护(2.7%)、农业科技(2.4%)、航空航天(1.8%)、政法(1.2%)、防灾减灾(0.3%)、海洋(0.3%)。

3. 总体评价

创新创业人才认为，近年来，人才工作的力度得到了加强，有 23.9%的人认为得到了显著增强，41.4%的人认为得到了略微增强，人才工作最主要的改变，排名前 6 位的依次是：加大对科技人才发展的投入占 52.1%，引进一批国内急需的高层次人才占 32.9%，选拔培养高层次科技创新创业人才占 30.8%，制定和实施重大人才政策和人才工作占 30.5%，改革人才工作体制机制占 27.10%，完善党管人才的工作格局占 22.60%。归纳起来，《规划纲要》实施以来，最重要的改变体现在资金、人才、工程、体制机制和党管人才工作格局等 5 个方面。

一方面，被调查者认为在以下方面具有显著的变化：人才的数量上升(87.8%)、人才对自主创新工作的适应性提升(87.7%)、引进人才数量的增加(86.8%)、科技人才对本领域自主创新需要的满足度提升(82.8%)、引进人才的渠道更加开放、宽松(82.4%)。另一方面，被调查者还认为，在人才更愿意做科研、更加潜心研究、经费保障、有效使用等方面没有得到更多的改变，尽管有超过半数的人也同意有改观，但仍旧分别有 44.9%、42.1%、39.4%、35.1%的人认为，没有带来变化。

4. 主要问题

(1) 人才队伍建设的问题

创新人才建设中存在的问题，依次是人才激励机制不足(45.7%)；待遇不足以吸引真正高层次的人才(43.30%)；缺少人才配套项目(政策)和经费(36.30%)；在当前科研体制下能力发挥有限(35.70%)；高校学科建设与市场需求不适应(31.40%)；人才遴选标准不合理，找不到真正的人才(34.10%)；人才与单位需求的匹配度不高(30.50%)；教育在人才培养中的作用没有充分发挥(28.00%)；引才标准过高，很难实现（25.90%）；国际人才竞争力不高（21.00%）。

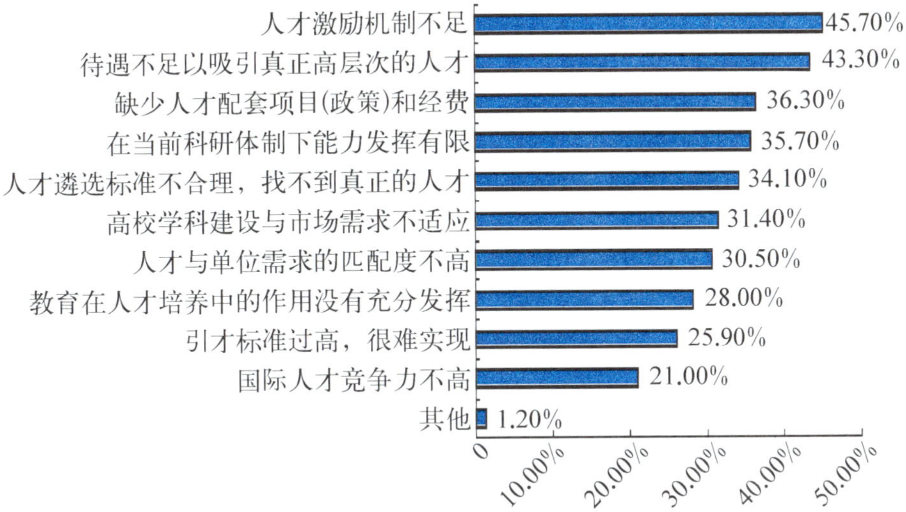

图 2-1　人才队伍建设的满意度评价

（2）人才发展体制机制创新的问题

满意度较高或非常高的前 6 项因素，依次是：海外高层次留学人才回国工作不受用人单位编制、增人指标、工资总额和出国前户籍所在地限制（42.6%）；妥善解决好海外优秀人才回国（来华）工作的医疗保险、配偶就业、子女上学等问题（41.3%）；建立国家荣誉制度，表彰在经济社会发展中作出杰出贡献的人才（41.3%）；对科学研究、科研管理、技术支持、行政管理等各类人员实行分类管理（39.9%）；建立在重大科研、工程项目实施和急难险重工作中发现、识别人才的机制（39.7%）；建立和完善科技信用制度（39.2%）。

满意度较低或非常低的因素，依次是：支持培养农村实用人才（22.7%）；完善党政干部公开选拔、竞争上岗制度（21.7%）；取消科研院所、学校、医院等的行政级别和行政化管理模式(20.7%);全面推行事业单位公开招聘、竞聘上岗和合同管理制度(19.6%);符合科技人才规律的多元化考核评价体系(19.6%);建立事业单位关键岗位和国家重大项目负责人全球招聘制度(19.3%);建立与国际人才管理体系接轨的人才管理改革试验区(18.3%);健全举才荐才的社会化机制(18.3%)。

表 2-3 人才体制机制创新的问题

人才体制机制创新的举措	不了解	很不重要/很不满意	不太重要/不太满意	一般	比较重要/比较满意	非常重要/非常满意
符合科技人才规律的多元化考核评价体系	9.2	10.4	27.8	39.2	9.2	4.1
分类推进事业单位人事制度改革	13.2	3.5	12.6	39.6	27	4.1
建立与国际人才管理体系接轨的人才管理改革试验区	13.6	4.7	11.4	38.8	27.1	4.4
取消科研院所、学校、医院等的行政级别和行政化管理模式	13.2	7.5	13.5	39.3	21.1	5.3
健全举才荐才的社会化机制	12.9	5.4	16.7	36.6	22.7	5.7
推进职称制度改革	8.9	4.4	16.1	42.4	22.2	6
完善政府宏观管理、市场有效配置、单位自主用人、人才自主择业的人才管理体制	12.9	1.9	10.7	42.5	26.1	6
健全专业化、信息化、产业化、国际化的人才市场服务体系	7.9	4.1	13.9	36.9	30.9	6.3

续 表

人才体制机制创新的举措	不了解	很不重要/很不满意	不太重要/不太满意	一般	比较重要/比较满意	非常重要/非常满意
建立完善事业单位岗位绩效工资制度	8.8	6.9	14.5	33.1	30	6.6
建立社会化的人才档案公共管理服务系统	11.7	5.7	13.2	36.9	25.6	6.9
建立在重大科研、工程项目实施和急难险重工作中发现、识别人才的机制	11.4	1.9	12.1	34.9	32.7	7
完善党政干部公开选拔、竞争上岗制度	12.6	9.1	15.5	31.5	24	7.3
建立人才需求信息的定期发布制度	7.3	3.5	15.8	36.6	29.7	7.3
统筹协调党政机关和国有企事业单位收入分配，推进工资制度改革	8.8	8.5	13.9	37.5	23.3	7.6
构建网络化、开放式、自主性终身教育体系	9.5	3.8	14.9	40.2	24.1	7.6
支持企业培养和吸引创新人才	8.5	3.5	11	38.5	30.9	7.6
探索高层次人才、高技能人才协议工资制和项目工资制	10.4	3.8	15.8	36	25.9	7.9
建立政府奖励为导向、社会力量奖励和用人单位奖励为主体的激励自主创新的科技奖励制度	8.5	3.5	9.2	42.1	28.8	7.9
全面推行事业单位公开招聘、竞聘上岗和合同管理制度	10.1	9.5	11	32.5	29	7.9

续　表

人才体制机制创新的举措	不了解	很不重要/很不满意	不太重要/不太满意	一般	比较重要/比较满意	非常重要/非常满意
制定知识、技术、管理、技能等生产要素按贡献参与分配的办法	8.5	4.1	11.9	40.3	27	8.2
建立和完善科技信用制度	6	*10.4*	12	32.3	31	8.2
海外高层次留学人才回国工作不受用人单位编制、增人指标、工资总额和出国前户籍所在地限制	8.2	4.1	8.5	36.6	*34.4*	8.2
建立国家荣誉制度，表彰在经济社会发展中作出杰出贡献的人才	7.3	3.2	10.1	38.2	*32.8*	8.5
改革高校招生考试制度，建立健全多元招生录取制度	9.5	6	12.7	34.5	28.2	*8.9*
支持培养农村实用人才	17.7	5	12.3	31.9	24	*9.1*
建立事业单位关键岗位和国家重大项目负责人全球招聘制度	12	7.3	10.7	34.7	26.2	*9.1*
妥善解决好海外优秀人才回国（来华）工作的医疗保险、配偶就业、子女上学等问题	9.5	4.1	9.1	36	32.2	*9.1*
对科学研究、科研管理、技术支持、行政管理等各类人员实行分类管理	6.6	4.1	10.8	38.3	30.1	*9.8*

（3）人才政策的主要问题

人才政策举措方面，满意度较低的前三项依次是支持培养农村实用人才（19.7%）、培养和造就一批具有世界水平的高级专家（19.6%）、改革和完善科研事业单位人事制度（18.1%）。

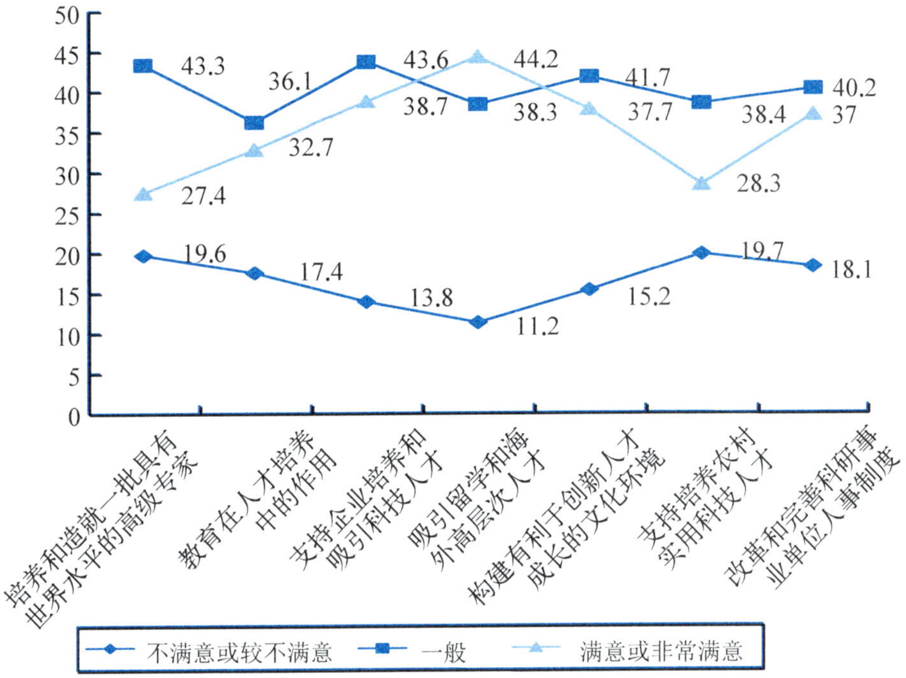

图 2－2　人才政策的满意度

从人才激励保障来看，最主要的问题主要集中在：其他(54.60%)、待遇与科研工作智力投入不匹配(44.50%)、奖励制度不足以激发大多数人员的积极性(42.10%)、科研成果转化的收入分配存在不公平(34.80%)、项目经费的申请或审批方式不合理(29.30%)等问题上。

对人才政策环境，满意度(比较满意和非常满意)主要是资助科研项目力度(37.9%)、知识产权保护(37.6%)、法律法规执行力度(32.3%)，满意较低(很不满意、非常不满意)前四项依次是法律法规执行力度(18.5%)、税收政策优惠力度(17.6%)、社会中介服务机构活跃程度(15.9%)、创业启动资金支持(15.9%)。同时，调查还显示，创新创业人才对人才政策了解程度还有待加强，有约 1/5 的被调查者对与

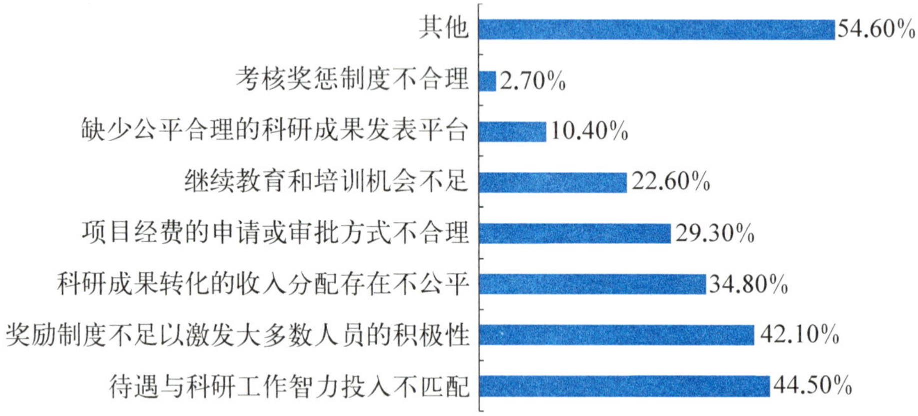

图 2－3 科技人才激励保障

创新密切相关的政策缺乏必要的了解,其中最主要的是:对融资渠道通畅程度(20.7%)、社会中介服务机构活跃程度(20.1%)、创业启动资金支持(18.4%)、税收政策优惠程度(18.2%)等缺乏了解。

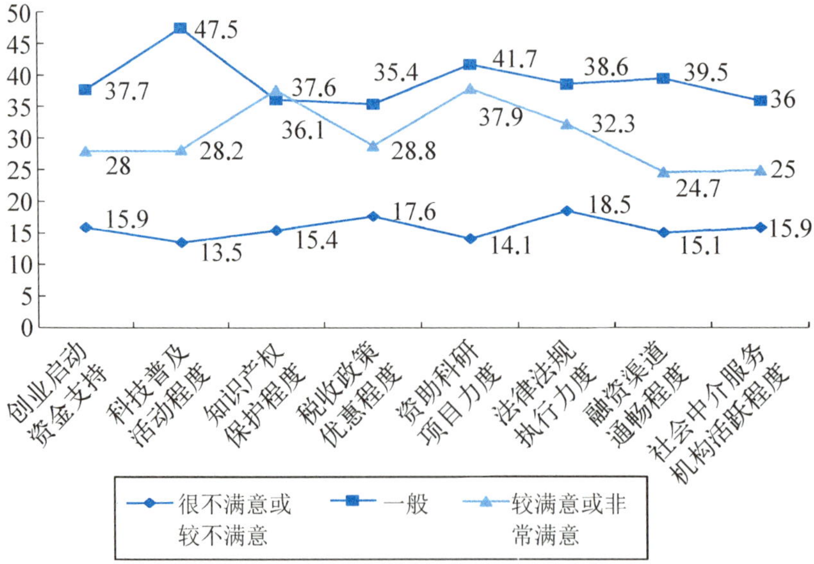

图 2－4 人才政策环境满意度

（四）上海全球科技创新中心人才生态建设的“短板”

1. 创新创业人才自身的短板

（1）创新创业人才的整体实力还有一定差距

一是大师级领军人才不足。建设具有全球影响力的科技创新中心，必须要聚集一定数量的具有全球影响力的科技人才。改革开放初期，上海尚有一批活跃在科技活动前沿、具有国际影响力的科技领军人物，如钱伟长、苏步青、谈家桢、李国豪、谢希德等。但目前上海的大师级科学家明显不足。在入选国家“万人计划”的6位杰出人才中，上海无一人入选。根据汤森路透集团公布的2014年全球“高被引科学家”名单，我国（含港澳）共有134名科学家入选，排名世界第四。而上海科研机构的科学家只有10人，仅占全国的7.5%。

二是海外人才占比不高。一般而言，国际大都市的常住人口中，外籍人员的比例一般在10%以上，美国纽约的外籍人员比例在1/3以上、英国伦敦的比例近40%、新加坡的比例在40%左右。2013年，上海境外的人员约为17.6万人，占常住人口的0.73%，其中外国专家及家属只有7 580人。目前，德国马普学会的78个研究所的270位所长、副所长中，1/4来自国外，26.4%的科学家来自国外，研究生、博士后、研究助理、访问科学家等流动科技人员中51.9%来自国外。而上海的高校、科研院所中,外籍人才非常紧缺。即使是在外资研发中心中,也是以国内的科技人才为主,外籍科技人才一般低于10%。

三是人才分布不均衡。主要表现在三个方面:第一,科学研究与转化应用两大类人才队伍发展不平衡。近年来,上海从事科学研究类的人才队伍发展明显快于工程技术类,从事科学研究和从事工程技术的人员规模比例从2000年的1∶9.7上升到2012年的1∶2.3。其背后的原因在于,从事科学研究,成果形式主要是论文,更容易得到认可;从事成果转化应用,风险大,也不太为社会和学术界所认可。第二,创新人才和创业人才发展不平衡。自2008年中央"千人计划"实施以来,落户上海的"千人计划"人才共有626人,但是其中创新人才553人,占总数的88.34%;创业人才73人,仅占总数的11.66%,创新人才是创业人才的7.58倍。第三,创新创业人才与其他人才之间的均衡,存在"三多三少"现象,即关注体制内高校、科研院所及国企多,关注体制外民营企业、小微企业创新创业者少;关注科技创新研发人才多,更多突出"技术为王""实验室思维",培养战略企业家、职业经理人、风险投资人的项目少,缺少企业家精神、创新精神、市场意识、风险意识的培育;关注教科文卫领域研究人员的项目多,培养企业科技创新人才、支撑创新的科技服务人才少。

四是科技创新服务业人才队伍建设滞后。面向国民经济建设主战场,迫切需要大力发展科技中介服务机构,加快科技成果转化和产业化。从调研情况看,专业人才缺乏已经成为制约上海科技中介服务机构发展的重要瓶颈。《2013年知识竞争力报告》中的数据显示，以每万名从业人员中高技术服务业科技人才为例，上海为510人，低于首尔的800人，东京的1 390人。目前的人才计划以支持研发人才为多，而支持科技服务业人才计划较少。

五是缺少旗舰型、引擎型企业集团和产业集群。一方面，虽然近几年来，经过不懈努力，引进和培育了一批发展潜力大、具有一定行业地位的企业，但总体看，大企业数量和规模仍然偏小，缺乏在重点产业领域尤其是战略性新兴产业有国际影响力的大企业和知名龙头企业。入围全国和上海市行业百强的企业数量不多，更缺乏诸如阿里、百度、腾讯、华为等在国内外都有重要影响力的大企业。另一方面，产业联盟是“四新”企业实现“产学研用”的联动与创新发展的重要纽带。但目前，上海组建产业创新联盟的力度较兄弟省市还有显不足，引领示范和辐射带动作用还不突出。

(2) 创新创业人才国际竞争“底气”不足

与国际大都市相比，上海人才资源的总体水平远远落在后面，问题集中体现在“大而不强”。**首先，人才贡献率依然较低**。据《中国人才资源统计报告》，上海人才贡献率为36.7%，高于全国平均值26.6%达10个百分点，位居全国之首。但与发达国家的50%～70%的人才贡献率相比，我们的差距仍然很大。**其次，人才素质与国际先进水平还有较大差距**。据统计，2009年我国“合格工程师”的数量，在参与排名的55个主要国家中位列第48位；我国工程师所创造的产值只有美国工程师的 1/16、德国工程师的 1/13、日本的 1/10。**再次，人才结构与国际大都市发展还不适应**。与能够真正转化为发展红利对人才素质方面的要求相比还有一定距离。

(3) 人才国际化程度低

首先，国际人才的集聚度依然很低。近年来在沪外国人的数字连年增长，到 2012 年底达到 17.41 万人，但在沪外国人总人口占常住人口的比例还较低，仅为 0.73%，与纽约、中国香港地区、新加坡等城市差距较大(表 2－6)，且近 10 年外国人增速呈下行趋势。根据 GW Center 研究，上海目前还不是世界移民主要的目的地城市(表 2－7)。

其次，本土人才国际化水平还较低。据有关调查显示，上海科技创新人才中 79.9%没有出国(境)经验，仅有 20.1%的人曾经出国(境)。92%的科技创新人才没有参加国际或海外学术团体，仅 8%的科技人才参加过国际或海外学术团体。近 87%的人没有过 1 年及以上的海外留学(含做访问学者)或工作的经历。没有与国际进行深入合作交流，就无法融入全球人才网络，进而成为全球人才关键节点，难以配置全球优秀人才。

再次，上海对海外人才吸引力还不大。尽管外国科研人员远期看好包括在上海在内的中国，但目前上海对外籍科研人员的吸引力还不大。据《自然》调研发现，60%以上生物和物理领域的受访者看好 2020 年中国科学发展前景，但仅 8%的人表示准备现在去中国，多数人由于政治和文化等因素仍选择在美国、欧洲、加拿大和澳大利亚发展。① 另据有关数据显示，无论是金砖国家(BRICS)，还是G20及欧洲5国(PIGS)国家人才，上海都没有位列其最受欢迎目的地城市排名中。② 上海2010—2014年在全球创新中心排名中不升反降。

表2-4 上海在全球科技创新中心排名情况

城　市	2014年排名	2012年排名(等级)	2011排名	2010排名
中国香港地区	20	14(1)	15	18
上　海	35	29(1)	24	24
北　京		53(2)	53	53
深　圳		71(2)	93	百名以外

(4) 人才创新创业能力依然较弱

首先，劳动力生产率和人均收入较低，多年都排在第20位，上海的劳动劳动生产率仅相当于排名第一的日本大阪的26%。**其次，人才参与经济、参与创新创业活力较低**。2013年上海在反映经济体中人力资本就业活跃程度的经济活动率仅为第28名，大大落后于日本大部分地区，甚至落后于中国其他地区。以千人拥有科技活动人员数为例，在国家级高新区中，上海张江为239.9人/千人，低于北京中关村、武汉东湖、西安高新区、成都高新区，仅比深圳高新区略高。**再次，科技人才创新能力仍然逊色于发达国家**，基

① Chiara Franzoni, Giuseppe Scellato & Paula Stephan, "Foreign-born scientists: mobility patterns for 16 countries", Nature Biotechnology, 30(12), December 2012, pp.1250-1253.

② GLOBAL TALENT MOBILITY SURVEY 2011.

本还处于学习、追赶并在局部超越的阶段，还没有像发达国家那样处于创造、引领的阶段。一方面，企业在创新投入有限，企业人均R&D支出排名第19；另一方面，上海100万居民专利登记数排名仅为第19位。① 据市科协有关调查显示，与发达国家的科学家相比，上海科技创新人才认为，其科研能力处于落后地位，有点落后、落后很多分别占53.6%、19.4%，合计逾七成；认为总体上差不多的仅17.7%，更好的仅为1.5%。

表2-5 2012年全国重点高新区千人拥有科技活动人员数

	国家级高新区平均水平	北京中关村	上海张江	武汉东湖	西安高新区	深圳高新区	成都高新区
千人拥有科技活动人员(人/千人)	176.1	253.7	239.9	271.1	263.9	221.5	292.9

数据来源：《中国火炬统计年鉴2013》。

(5) 人才制度和发展环境与国际一流水平还有一定差距

政府、市场、社会等在人才工作中角色、边界尚未界定明晰，一定程度影响市场在人才资源配置中的作用发挥。有效保障人才各种权益，促进人才脱颖而出、人尽其才、才尽其用、各得其所的人才法律体系还没有完整建立起来。与工作业绩紧密联系、鼓励人才

① 《2013年亚太知识竞争力报告》。

创新创造、充分体现人才价值的分配机制还很不健全，知识、技术、管理、技能等要素参与分配的激励机制还需要进一步完善。推动人才创新创业的融资、税收、政府监管、研发投入、贸易支持、知识产权、政府采购等政策支持体系还有待进一步完善，影响了人才要素与其他创新要素的结合，影响了人才创新创业活力的激发。

表 2－6　上海与主要国际大都市外籍常住人口比较

	上海	纽约市(NYC)	新加坡	中国香港地区
常住人口(万)	2 380.4	825	507.67	707.1
外籍常住人口总量(万人)	17.41	3,06.7	184.6*	58.2
比例(%)	0.73 (2012)	37 (2011)	36.3 (2011)	8.2 (2011)

注：* 包括新加坡永久居民和非居民。

数据来源：上海统计年鉴、纽约人口统计、新加坡统计局、香港政府一站通。

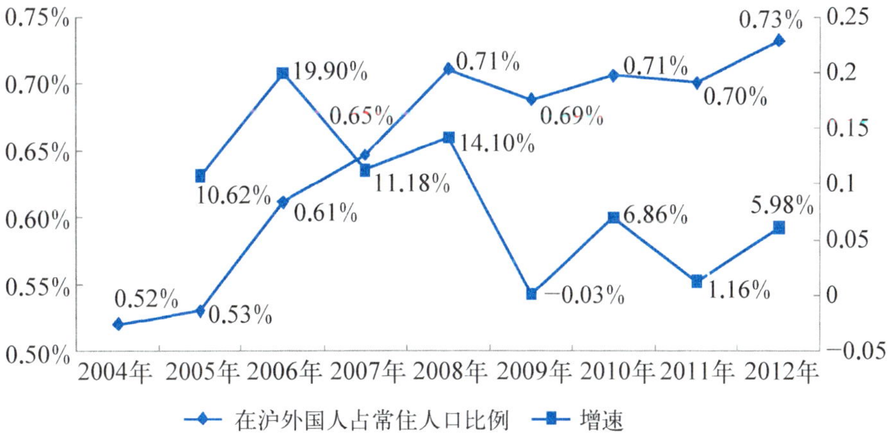

图 2－5　在沪外国人比例与增速

数据来源：根据历年上海统计年鉴整理得出。

表 2-7 世界主要移民城市

α 城市	纽约、多伦多、迪拜、洛杉矶、伦敦、悉尼、迈阿密、墨尔本、阿姆斯特丹、温哥华
β 城市	利雅德、日内瓦、巴黎、特拉维夫、蒙特利尔、华盛顿、海牙、基辅、旧金山、帕斯
γ 城市	慕尼黑、卡尔戈雷、约翰内斯堡、波士顿、芝加哥、渥太华、埃德蒙顿、法兰克福、温尼伯、布鲁塞尔、杜塞多夫、西雅图、鹿特丹、休斯敦、布里斯班、圣地亚哥、哥本哈根、波恩、底特律、米兰、科隆、苏黎世、罗马、柏林、维也纳、波特兰、汉堡、明尼阿波利斯、圣保罗、新加坡、斯德哥尔摩、达拉斯、worth、第比利斯、魁北克城、布宜诺斯艾利斯、奥斯陆

数据来源：Lisa Benton-Short，Marie Price and Samantha Friedman，*Global Perspective on the Connections between Immigrants and World Cities*，The GW Center for the Study of Globalization Occasional Paper Series。

表 2-8 国际大都市全球城市联系程度(GNCa)排名

城　　市	GNCa in %	城　　市	GNCa in %
1. 伦敦	100	7. 上海	62.7
2. 纽约	94.4	8. 芝加哥	61.6
3. 中国香港地区	73.0	9. 迪拜	61.4
4. 巴黎	68.3	10. 悉尼	61.1
5. 新加坡	67.5	11. 米兰	58.9
6. 东京	63.8	12. 北京	58.4

表 2-9 金砖国家(BRICS)、G20 及欧洲 5 国
国家人才最受欢迎目的国家和目的地城市

	最受欢迎目的国家			最受欢迎目的地城市		
来源国	金砖国家	G20	欧洲5国	金砖国家	G20	欧洲5国
目的国家/城市	美国	美国	英国	伦敦	伦敦	伦敦
	英国	英国	德国	纽约	纽约	巴黎
	加拿大	加拿大	美国	新加坡	新加坡	纽约
	新加坡	澳大利亚	法国	巴黎	巴黎	柏林
	德国	新加坡	瑞典	悉尼	悉尼	巴塞罗那

数据来源：GLOBAL TALENT MOBILITY SURVEY 2011。

2. 人才创新创业资源的短板

(1) 创新投入还不具优势

一是创新投入不具优势。数据显示，2010 年上海研发人员全时当量为 132 859 人年、研发人员全时当量密度 57.72 人年/万人，总量比北京低，密度低于深圳、北京、杭州，与苏州相仿。

二是研发投入力度还有待加强。上海 2012 全社会研发投入总量 635 亿元，仅低于北京的 1 031.10 亿元，但从 R&D 经费占 GDP 比重来看，近年来虽有快速增长，到达 3.16%，但总体低于北京的 5.79%、深圳的 3.81%、南京的 3.40%，这与国际大都市地位不太相称。

三是创业融资难、融资贵依然突出。政府对风险投资引导不

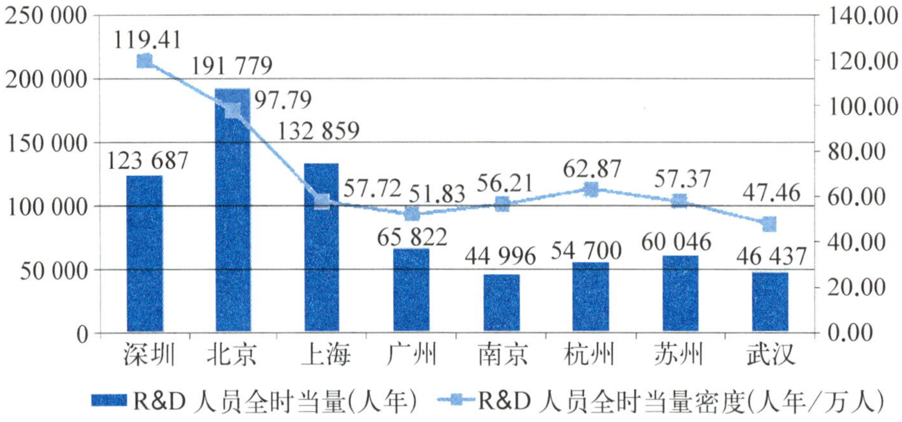

图 2-6 研发人员比较

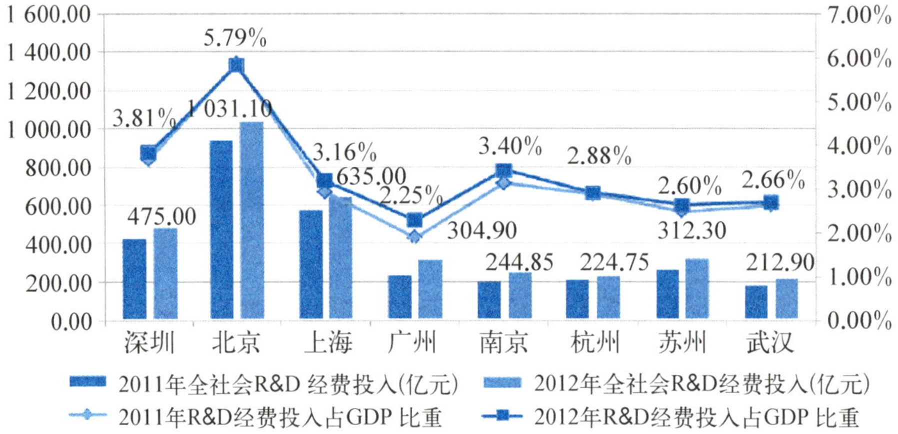

图 2-7 上海与其他城市 R&D 经费投入力度比较

够、风险补偿机制不完善，风险投资、天使投资集聚度、活跃度不高，对初创期的企业关注不够。而硅谷模式的主要特征是科技型创新企业与风险投资之间的有效结合，风险投资助力创新创业，硅谷的风投机构约占全美国的 80%，投资额占全美 1/3，美国 40%的 IPO 由硅谷风投资助。中关村 PE 大厦集聚了 130 多家私募股权投资机构，民间投资非常活跃。

四是人才服务模式亟待创新。社会化、市场化、专业化创业服务中介组织还不够发达，政府购买专业服务机构的创业指导、成果转化、人事托管等创业服务的机制尚不完善，缺少集人才发展政策和生活服务信息于一体的权威人才服务平台，以及风险投资与科研项目对接平台。相比较而言，中关村将天使投资、知识产权服务机构、产业服务机构等，认定为创新型孵化器，给予政策扶持，中关村企业家顾问委员会、中关村企业信用促进会等中介组织也非常活跃，为草根创业提供了多维度的支持，同时，还建立了服务于“瞪羚企业”“展翼企业”等创业企业全生命周期的政策体系，营造了良好的创业微观环境。

(2) 创新创业孵化载体还有待提高

一是众创空间等新型创业孵化器仍相对缺乏。上海创业孵化器在全国发展较早，具有一定特色，目前全市有超过 100 家新型孵化器，其特征为：第一，众创空间碎片化、同质化倾向较为明显，包括众创空间在内的科技孵化器同质化倾向明显，存在服务对象趋同、聚焦创业阶段相似、提供孵化模式单一等问题，缺少具有区域特色、体现未来发展趋势的差异化、品牌化、主题类众创空间，众创空间服务链与区域发展的产业链还没有很好地结合起来。第二，众创空间能力较弱。传统科技企业孵化器亟待转型，事业单位与国有企业孵化器处于主导地位(占比约 70%)，市场化程度不高，活力不够，集聚度不高，缺乏创业辅导、研发检测公共服务、融资服务、市场开拓等创业企业需要的增值服务。目前包括众创空间在内的科技孵化器，提供房地产式、地租式的发展模式多，提供专业技术、市场拓展、商业贷款、风险投资、上市培育等综合性科技孵化服务少；依靠政府托底扶持多，依靠市场机制发展的少，发展的激励政策还不到位，还不能通过线上线下服务手段结合，促进优质服务溢出、推动企业做大做强、推进产业发展壮大。第三，众创空间服务能力和品牌效应上还有待提高，但缺少类似中关村创业大街、车库咖啡这样具有品牌效应和影响力的创新型孵化器，整合区域内高校院所、龙头企业、投资机构、专业团队的创新资源，推动技术、市场、人才、资本有效对接，发挥创新创业资源的集聚效应和创新创业活动的规模优势等方面还待加强。

二是科技园、孵化器的发展还需完善。2012 年上海拥有国家级大学科技园区 13 家，总量与中关村相仿，但总面积低于武汉、中关村、成都，从孵化的绩效来看，在沪国家级大学科技园毕业数明显少于中关村。上海 2012 年国家级科技企业孵化器 23 家，成功毕业企业 1 132 家，远低于中关村，也低于科技企业孵化器约为上海一半的武汉、西安、深圳。

表 2 - 10 2012 年国家级大学科技园在全国主要区域的分布情况

国家级大学科技园	数量（个）	总面积（万平米）	在孵企业数（家）	累计毕业企业数（家）
中关村	14	147.3	990	1 202
上海	13	82.7	1 124	914
武汉	7	212.7	338	194
西安	3	7.8	182	133

续 表

国家级大学科技园	数量（个）	总面积（万平米）	在孵企业数（家）	累计毕业企业数（家）
成都	3	144.7	153	276
全国	94	1 002.0	7 457	5 764
全国平均		10.66	79.3	61.31
上海平均		6.36	86.46	70.3
中关村平均		10.52	70.71	85.85

表 2－11 2012 年国家级科技企业孵化器在全国主要区域的分布情况

国家级科技企业孵化器	数量（个）	总面积（万平米）	在孵企业数（家）	累计毕业企业数（家）
中关村	28	75.9	2 860	2 877
上海	23	55.4	1 981	1 132
武汉	13	60.0	1 522	1 688
西安	14	56.8	1 395	1 145
深圳	11	37.7	1 025	1 137
成都	6	41.7	787	1 012
全国	435	2 099.1	45 118	36 057

（3）创新基础设施还有待加强

2011 年、2012 年上海拥有国家重点实验室、国家工程技术研究中心 15 家，尽管国家重点实验室处在全国第二，但在对应用研究具有重要意义的国家工程技术中心上，与国内主要城市具有较大差距，一方面总量上没有增加，远低于北京 57 家（2011 年），也低于武汉、南京；另一方面，有被广州等城市追平的可能性。

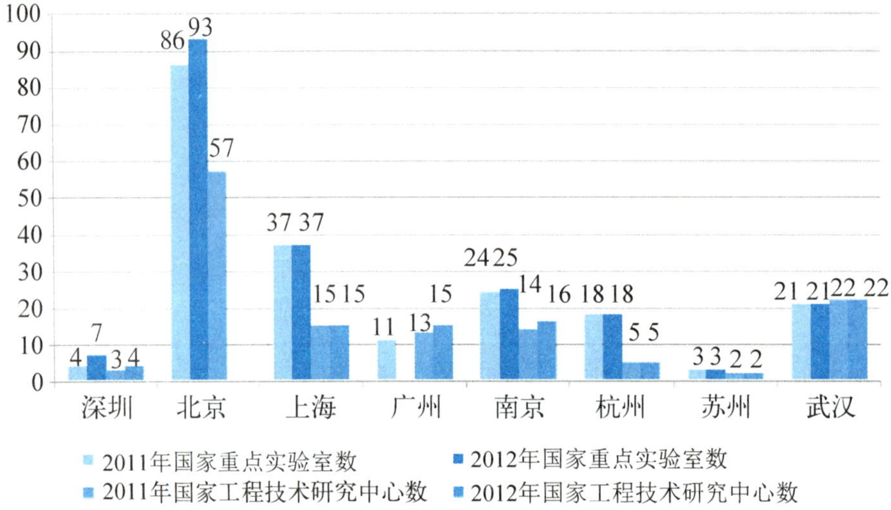

图 2-8　国家重点实验室数、国家工程科技中心比较

3. 创新创业人才发展机制的短板

(1) 激发各创新主体积极性的机制还不充分

一是政府主体创新主动性发挥充分。目前，政府作为创新主体，其积极性和引导性较强，站位靠前。但要防止政府作用发挥过头和越位，防止其他创新主体完全靠政府托底，浑水摸鱼伸手问政府拿补贴，影响市场机制正常发挥。二是国有企业主体创新积极性发挥不充分。国有企业改革后兼具功能性和竞争性，部分国有龙头企业在科技创新方面过分考虑眼前利益和直接经济效益，谋

全局、谋长远、谋未来的思考不足，招商能力很强，布局创新能力不足，缺乏引领带动整个产业链合作创新的魄力，需要政府进一步强化引导。三是院校和科研院所主体创新能力有待提升。高校和科研院所创新愿望较强，但受体制机制的约束，主动意识和能力还不够，缺少在市场中找寻目标的意识和能力。部分科研机构的科研成果完全符合市场需求，理应尽快让科研成果完成转化，但是受限于人员编制、机构体制等因素，科研工作者的薪资待遇和机构的准许经营范围受到严格约束，无法形成应有活力。四是市场和社会创新主体作用调动不够。政府在调动各类创新主体的积极性方面主动作为但办法有限，更多的市场主体、社会主体的作用如何发挥还需研究。

(2) 人才培养方面缺少层次设计、缺少统筹，投入力度亟待提高

一是在培养对象上缺少系统性整体架构。一方面，人才培养对象上"偏科"现象较浓。本市各类人才培养对象，重教科文卫领域为研发人员，轻企业科技创新人才；重科技创新研发人才，轻战略企业家、职业经理人才；重大学生创业、草根创业，轻高管创业、白领创业、连续创业者、职业创业家；重研发工程师，轻专利工程师。特别是企业家和职业经理人培育的缺失，造成企业家精神缺失，创业经历和管理经验缺乏，在建设科技创新中心"技术为王""实验室思维"重，市场意识、管理水平、团队建设、治理结构弱。**另一方面，人才培养对象上，缺少引领性、普适性、过渡性项目**。缺少牵头抓总的、整体性、示范性、引领性的重大人才培养计划项目，缺

少最基础的普适性人才培养计划，缺少最高端的杰出人才培养计划，也缺少中端的培养计划，即从优秀青年人才向领军人才转变的过渡性培养项目。

二是人才培养资助项目设立部门特色浓重，各自为政、条块分割、名目繁多、职能相似、功能相近，缺乏通盘考虑缺乏有机相互整合。例如，针对青年优秀人才成长的，市科委有启明星计划、扬帆计划，市教委有曙光计划、晨光计划，市卫计委市级医疗卫生优秀青年培养计划，市“优秀青年中医临床人才”培养计划，容易造成各类人才疲于申报，无法潜心研究。

三是在培养投入上滞后。上海领军人才计划资助幅度 10 万元—30 万元，而江苏省“双创”人才分别给予 100 万元或 50 万元的创新创业资金资助；杭州对入选“领军型创新创业团队引进培育计划”的人才团队项目，给予 60 万元—2 000 万元资助，对顶尖人才和团队的重大项目实行“一事一议”，最高可获得 1 亿元项目资助；对入选省领军型创新创业团队的，在首个资助期内，按照不低于省级财政投入额度进行配套资助。

(3) 人才引进机制上还有待加强

一是市场人才认定机制应用、海外高层次人才认定范围等方面需进一步健全完善。一方面，海外人才年工资、个税标准门槛高，北京、上海、福建自贸区三地在连续工作满 4 年、每年居住 6 个月以上、有稳定生活保障和住所、年工资收入和个税达标准的认定标准内容相似，但上海年工资收入和个税达标准的认定标准分别为 60 万元和 12 万元，北京为 50 万元和 10 万元，较北京高。另一方面，对海外创业团队及成员认定上，创业团队名单中关村管委会汇总后向公安部外国人永久居留中关村服务窗口备案，团队成员认定标准由北京市局会同管委会制定，报公安部批准后实施，上海在这方面仍为空白。

二是外国人永久居留证政策还需要进一步落地。从申请条件来看，永居证的门槛仍然比较高、范围较窄，在中关村的海外人才可由管委会推荐，直接申请，上海则要求“工作满 3 年，由单位推荐”。从办理审核时效来看，中关村 30 日内审核、公安部 20 日内审批，上海则要报公安部 90 天内审批，两者与中关村有较大差距。永居证审批速度跟不上新政实施以来快速增长的申请人数，其国民待遇还没很好的落实，在申请银行账号以及在线支付、在线购买火车票等方面还存在不便。

三是吸引和集聚境外高校学生和在读留学生方面的政策还需进一步强化。尽管“人才 20 条”规定，“具有在上海创新创业意愿的外国留学生，可以凭高等院校毕业证书等材料申请有效期 2 年以内的私人事务类居留许可，进行毕业实习及创新创业活动。期间，被有关单位聘雇的，可以按规定办理工作类居留许可”。但相较于中关村对境外高校学生实习和在读留学生兼职创业方面的新规定，上海还有较大差距。

四是海外人才引进相关部门的协调配合还需要进一步强化。目前，海外人才引进设计以公安出入境、人社、外专、外事、商务、检验检疫等相关部门，部门之间信息共享不充分，证件办理时限等要求统筹不够，造成海外人才申请办理耗时较长、手续不够简便等。

(4) 人才激励机制

一是高校、科研院所推动成果转移转化的动力不足、担当不

够，存在顾虑过多的现象。虽然上海市《成果转化实施意见》规定以科技成果对外投资实施转化发生投资亏损的，已经履行了勤勉尽责义务且未牟取私利的，可以免责，但如何界定勤勉尽责不够明确，缺乏书面规定。又如，高校、院所科技成果转化权责利缺乏平衡，决策者承担风险远大于收益，《落实成果转化法若干规定》中“免除单位领导在科技成果定价中因科技成果转化后续价值变化产生的决策责任”难以打消决策者顾虑。此外，部属高校和中央在沪科研院所无法适用地方政策。特别是无法享受一些重要体制机制改革。如上海市《成果转化实施意见》虽已有投资免责条款，但对部属高校及中科院在沪院所无法适用。**二是科研人才在双向流动方面，决心不大、动力不足，单位难以全力支持**。一方面，**高校、科研人员决心不大，动力不足**。一些高校反映，大学教授在高校里有研究生、有资金、有项目，有实验室、课题组，依托学校可增强社会影响力，受聘企业当顾问，因此，具有创新成果、具备创业能力的人才真正创业的需求不强烈，政策实际激励效用不大。另一方面，**单位难全力支持**。一些高校、科研院所反映，事业单位编制额度紧张，每个岗位都有相应的教学、科研任务，都去创业了，教学任务、主体科研任务谁来完成？加之，科研经费竞争压力大，科研单位保障离岗人员的经费支持力度有限。这些问题导致科研院所在推动科技人才离岗创业方面动力不足。**三是科研经费使用科研经费使用限制依旧较多**。纵向科研经费中，不能开列在编人员劳务费用。新的科研经费管理规定，劳务费支出控制在申请专项经费支出总额的 30％以内；对于基础研究类、软科学类和软件开发类等项目（课题），劳务费支出总额控制在申请专项经费支出总额的50%以内。但考虑到审计因素，在实际操作中采取谨慎态度。

4. 创新创业文化的短板

（1）创新创业文化有待提升

硅谷之所以成功，与10个文化簇集相关，包括“能者在上”的公司信仰；对失败的极度宽容；对“背叛”的宽容；崇尚合作；嗜好冒险；赚钱之后，不作“守财奴”，再投资到创业环境中去；热衷改变；对产品而不是金钱的痴迷；机会的慷慨分布；分享财富的强烈倾向。[①] 但从文化的角度来看，上海“职员文化、白领情结”较为浓厚，科技人才冒险精神不足，创新团队“大兵团”协同创新力度不够，小富即安，显示出创新创业文化仍需进一步倡导强化。

表2-12 全球创业比较：文化及其他

	创业融资	政府有关支持政策	税收和官僚政策	政府创业项目	学校教育阶段的创业教育	非学历教育阶段创业教育	研发转移	商业和法律基础	国内市场动力	国内市场动力或进入限制	物理的基础设施	文化和社会规范
中国	4.86	5.78	4.44	4.00	2.59	5.03	4.09	4.34	7.24	4.27	6.92	4.98
	14	3	21	28	43	16	21	51	2	23	16	23

① 张景安等：《创业精神与创新集群》，中国科学技术出版社2015年版。

续 表

	创业融资	政府有关支持政策	税收和官僚政策	政府创业项目	学校教育阶段的创业教育	非学历教育阶段创业教育	研发转移	商业和法律基础	国内市场动力	国内市场动力或进入限制	物理的基础设施	文化和社会规范
印度	5.74	5.50	3.94	5.00	4.11	5.09	4.29	4.96	5.72	4.75	6.15	5.45
	3	5	29	22	10	14	13	30	16	10	41	13
以色列	5.10	3.70	2.53	4.00	2.95	4.27	4.44	5.55	4.10	3.51	6.35	7.43
	11	44	54	34	34	38	11	14	50	55	36	1
英国	5.36	4.58	4.36	5.00	3.99	5.04	4.18	4.98	5.02	4.71	5.92	5.34
	6	19	23	21	13	15	16	29	31	11	46	16
美国	5.41	4.35	4.59	4.07	3.52	4.42	4.15	5.41	5.64	4.41	7.10	6.79
	5	24	17	36	24	33	19	17	17	19	10	2
德国	4.30	4.25	3.85	6.00	2.68	4.13	4.01	5.85	4.50	5.15	6.44	4.23
	23	26	31	6	40	4.13	26	10	39	5	32	41
要素驱动	4.1	4.4	4.0	3.9	3.2	4.7	3.6	4.7	5.0	4.0	5.7	4.8
效率驱动	3.9	3.9	3.6	4.1	2.8	4.5	3.6	4.8	5.0	3.9	6.3	4.5
创新驱动	4.5	4.5	4.1	4.7	3.4	4.5	4.2	5.1	5.2	4.4	6.7	4.9
全球创业评论的均值	4.2	4.2	3.9	4.3	3.1	4.5	3.8	4.9	5.1	4.1	6.3	4.7

Average scores from Likert scales of 9 points (1 = highly insufficient, 9 = highly sufficient).

资料来源：GEM 2015/16 Global Report。

(2) 城市文化的繁荣程度还有待提高

作为全球城市，上海文化事业和文化产业的发展，对外的吸引力、影响力，在全球范围还比较靠后。从全球城市的比较来看，全球城市中伦敦、巴黎、纽约的文化影响力、吸引力最强，上海仅位居 30 个全球城市中间略靠前的位置，这表明城市文化对全球的影响力、吸引力还有待深耕。

表 2－13 全球 30 个城市文化的比较

排名	城市	文化娱乐及吸引力	生活品质	劳动年龄人口	城市品牌	迁移的吸引力	老年人生活状况	青年城市指数	评分
29	纽约	28	15	8	29	29	26	30	165
29	巴黎	29	27	14	26	26	18	25	165
28	伦敦	30	16	9	28	30	20	29	162
27	洛杉矶	24	21	10	30	25	26	22	158
26	旧金山	13	18	24	22	27	26	27	157
25	阿姆斯特丹	18	24	20	27	15	27	20	151
24	多伦多	16	30	15	10	23	29	24	147
23	柏林	26	25	11	9	19	28	28	146
21	芝加哥	19	22	6	17	20	26	23	133
21	斯德哥尔摩	11	28	3	21	14	30	26	133
20	中国香港地区	8	23	23	25	21	12	17	129
18	悉尼	9	29	4	15	28	19	18	122

续 表

排名	城 市	文化娱乐及吸引力	生活品质	劳动年龄人口	城市品牌	迁移的吸引力	老年人生活状况	青年城市指数	评分
18	东京	25	26	7	5	18	22	19	122
17	马德里	23	20	5	18	22	17	15	120
16	首尔	20	14	25	24	11	9	16	119
15	墨西哥	21	5	27	15	9	14	21	112
14	新加坡	5	18	18	16	24	21	6	108
13	迪拜	14	10	30	20	16	16	1	107
12	莫斯科	27	12	16	19	5	5	11	95
11	里约热内卢	15	8	12	23	13	7	13	91
10	上海	17	9	29	3	12	11	8	89
9	北京	22	11	28	2	7	10	8	88
8	米兰	10	19	1	9	17	13	14	83
7	圣保罗	12	8	17	11	6	7	10	71
6	吉隆坡	3	13	21	4	8	15	3	67
5	波哥大	7	4	26	6	2	8	12	65
4	约翰内斯堡	4	8	22	7	10	2	9	62
3	孟买	2	3	19	13	4	4	5	50
2	雅加达	6	2	13	12	3	3	4	43
1	拉各斯	1	1	2	1	1	1	2	9

数据来源：PWC，Cities of Opportunity 7，www.pwc.com。

表 2－14 国际文化大都市剧院对比指标

指 标 名 称	纽约	伦敦	巴黎	东京	上海
剧院数	420	214	353	230	97
剧院演出场次	43 004	32 448	26 676	24 575	15 618
剧院观众(百万)	28.1	14.2	5.7	12	0.6
人均观看演出次数	3.5	1.8	0.5	0.9	0.3
现场音乐演出场地	277	349	423	385	44
主要音乐厅数量	15	10	15	15	4
音乐表演数	22 204	17 108	33 020	15 617	3 356
戏剧表演数	11 076	11 388	10 348	8 452	N/A
舞蹈表演数	6 292	2 756	3 172	1 598	1 686

数据来源：2013 年世界城市文化报告，由上海图书馆(上海科学技术情报研究所)整理。

(3) 城市品牌对外推介程度还不高

英国《卫报》世界城市品牌("world cities most powerful brands")报告显示，城市品牌建设排名前 6 的全球城市依次是洛杉矶、纽约、伦敦、阿姆斯特丹、巴黎、中国香港地区，上海仅为倒数第三。

5. 创新创业人才发展环境的短板

(1) 机会优势排名靠后

全球机会指数显示，包括上海在内的中国排名第 53，远低于中国香港地区、新加坡、美国。其中最主要的问题在于法律壁垒(排名第 90)、营商便利(第 65)、法律体系(第 56)。

表 2-15 全球机会指数排名

	中国香港地区		新加坡		美国		日本		韩国		中国	
	分数	排名	分数	排名	分数	排名	分数	排名	分数	排名	分数	排名
综合	8.54	1	8.49	2	6.91	22	6.79	23	6.29	35	5.55	53
经济基础	7.00	3	7.30	2	6.25	23	6.05	30	6.35	15	5.90	32
法律壁垒	9.20	4	9.20	4	7.20	49	7.00	53	7.00	53	5.40	90
营商便利	8.78	1	8.14	5	7.01	30	6.55	42	7.83	12	5.51	65
监管治理	8.55	1	8.44	2	6.00	27	6.55	22	4.44	63	6.11	26
法律体系	9.18	2	9.36	1	8.09	11	7.82	13	5.82	34	4.82	56

资料来源：Keith Savard and Heather Wickramarachi with Ross C. DeVol and Apanard (Penny) Prabha (2013), *Global Opportunity Index: Attracting Foreign Investment*, Milken Institute。

(2) 营商环境有待改善

据世界银行 2014 年营商环境报告显示,2014 年,中国的营商环境在全球 189 个经济体中排名第 96,比 2013 年下降 5 个排位,与排名前十的新加坡、中国香港地区、新西兰、美国、丹麦、马来西亚、韩国、格鲁吉亚、挪威、英国等差距甚远;在金砖国家,虽比俄罗斯(第 92 位)、印度(第 134 位)、巴西(第 116 位)排名靠前,但与南非(第 41 位)有较大距离。① 从营商环境的变化情况来看,中国在减低经营成本、强化法律制度方面有所改观,但距离发达水平还有

① 世界银行:《2014 年营商环境报告》。

较大差距。课题组通过对张江核心区 98 家企业抽样调查发现，80%的企业对政府转变职能、放松管制表示认可。但也有企业表示，政府在管理中由于审批并未完全放开，相较于深圳、杭州相比偏谨慎，限制了部分创新举措的实施。例如，微创医疗器械(上海)有限公司反映，在收购海外企业后，准备把海外企业的先进设备整体搬回来，但限于 2002 年的文件规定，海关不允许海外机械设备进关，耗时较长、难以协调和真正落地；最后，公司决定将这些设备临时移至美国一个基地暂存，从申请到通过仅 3 天就办成了。"9 个月还办不成"和"3 天就到位"之间呈现鲜明对比。

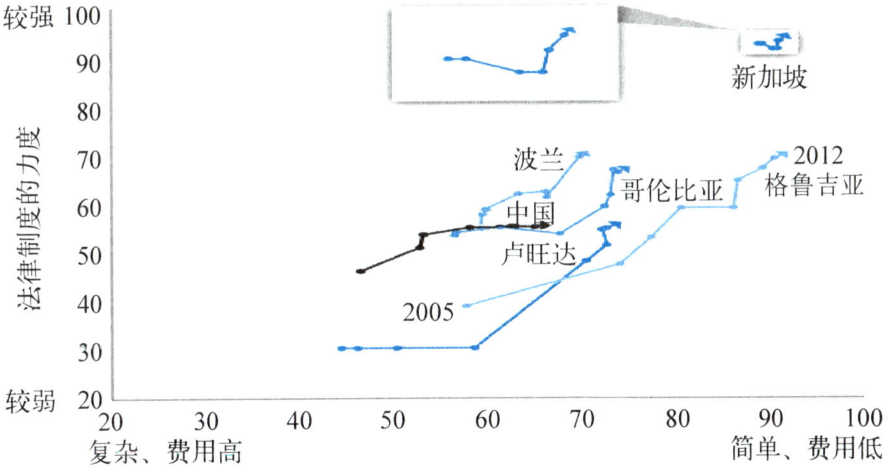

图 2-9 营商环境的劣势

注："法律制度的力度"指的是在获取信贷、保护投资者、执行合同和解决破产这几方面的平均前沿距离。"监管程序的复杂性和成本"指的是在开办企业、办理施工许可、登记财产、交纳税款和跨境贸易这几方面的平均前沿距离。每个点代表一个不同的年份，从 2005 年始到 2012 年止。图中显示了新加坡这个连续 7 年具有最商业友好的营商环境的经济体的改革路径以供对比。为了看得清楚，新加坡的数据始于 2007 年。"前沿距离"显示一个经济体离每个"营商环境"指标自 2005 年以来所达最高水平的总体差距。这个指标被规格化为 0～100 的区间，100 代表最高水平(前沿)。

资料来源：世界银行：2013 年、2014 年营商环境报告

(3) 整体税负有待降低

《2014赋税环境报告》(*Paying Taxes 2014*)对189个经济体系赋税状况调查显示,中国香港地区只设三种直接税,即企业利得税最高税率为16.5%、个人薪俸税最高税率为15%、物业税率定为15%,并设有免税额制度,使税负再得以减轻。销售税、消费税、增值税、预扣税、资本增值税、股息税、遗产税等各类税项一律免征,且报税手续十分简单,大部分人均可自行办理,也可在网上办理,会计师事务所也会提供相应服务。此外,作为自由港的中国香港地区,进出口程序简便,除烟草等少量物品外,中国香港地区对入口货物一般都不征收关税。自2008年取消所有葡萄酒税项后,酒类进出口和储存业务大为兴旺,惠及零售商和消费者。

表2-16 各国(地区)总体税赋水平比较(单位:%)

国家(地区)	总体税赋水平	个人所得税最高税率
中国香港地区	24.1	15
新加坡	25.4	20
韩国	29.8	35
瑞士	30.1	40
新西兰	34.3	33
亚洲平均	36.9	
英国	37.3	50
美国	46.8	35

续 表

国家(地区)	总体税赋水平	个人所得税最高税率
世界平均	47.8	
澳大利亚	47.9	45
德国	48.2	45
日本	48.6	50
中国	63.5	45

资料来源：*PWC*，*Paying taxes 2011*，*The Global Picture*。

(4) 住房贵、教育、医疗服务是当前人才反映的最突出问题

一方面，住房成本高。房价非理性上涨、住房生活成本等方面的困难，对准备前来上海、留在上海、扎根上海的人才仍有顾虑。例如，中科院高研院反映，受制于生活成本，不少职工到外省市发展，离职率一度达到17%。很多单位反映，青年科创人才是中坚力量，他们的培养和成长以及支持力度，将影响未来人才队伍结构。不加大对这一群体的扶持力度，特别是在深圳、苏州、杭州、重庆、成都等城市在加大人才公寓投入力度、人才住房补贴力度的情况下，保持人才的竞争优势面临巨大的压力和挑战。另一方面，人才面临医疗服务、子女教育等难题。上海目前仅有34家医院为外籍人士提供特需门诊服务，纳入国际医疗“直付网络”结算的医疗机构少，外籍人才使用国际医疗保险不便。上海高水平国际教育资源紧缺，国际学校供需悬殊，一些知名度较高的学校入学比例达十几乃至几十比一，外籍人才子女在沪就学不易。

6. 创新绩效的短板

从总体创新绩效来看，2011 年、2012 年上海从 2010 年福布斯中国大陆创新城市排名中的第 2 下降为第 3 位。

表 2－17　福布斯中国大陆创新城市 10 强(2010—2012)

排名	2012 年	2011 年	2010 年
1	苏州	深　圳	深圳
2	深圳	苏　州	上海
3	上海	上　海	苏州
4	无锡	北　京	北京
5	吴江	吴　江	吴江
6	北京	无　锡	东莞
7	杭州	杭　州	杭州
8	宁波	昆　山	昆山
9	常熟	常　熟	常熟
10	昆山	张家港	绍兴

从科技创新绩效具体指标来看，2011 年上海科技贡献进步率为 65.8%，但从每万人发明专利拥有量、研发人员发明专利申请量、技术市场合同交易综合、高新技术产业增加值占制造业增加值比重等衡量创新绩效的重要指标上比较，都与国内兄弟省市有一定差距。例如，每万人发明专利拥有量低于北京、

广东、浙江、南京、广州；研发人员发明专利申请量低于北京、江苏、广东、浙江，仅为广州的1/7、江苏的1/4；技术市场合同交易总额低于北京；高技术产业增加值占制造业增加值比重低于厦门、北京、广东等地；2012年上海PCT国际专利申请量1 024件，占比5.6%，低于深圳（8 024件、44.2%）、北京（2 705件、14.91%）。

表2-18 上海科技创新绩效比较

	北京	上海	江苏	南京	广东	广州	浙江	厦门
科技进步贡献率(%)	62.4	65.8	55.2	57.6	53.8	57.04	51.48	—
每万人发明专利拥有量(件)	26	3.9	3.74	12.7	5.62	3.88	4.74	1.28
研发人员的发明专利申请量(件/百人年)	20.7	6.17	24.7	—	12.7	41.32	9.41	—
技术市场合同交易总额	1 268.3	550.32	463.12	120.27	286.62	159.52	68.3	38.71
高技术产业增加值占制造业增加值的比重(%)	26.8	21.8	—	—	24.90	—	6.6	31.91

资料来源：各地科技统计、年鉴整理得出。

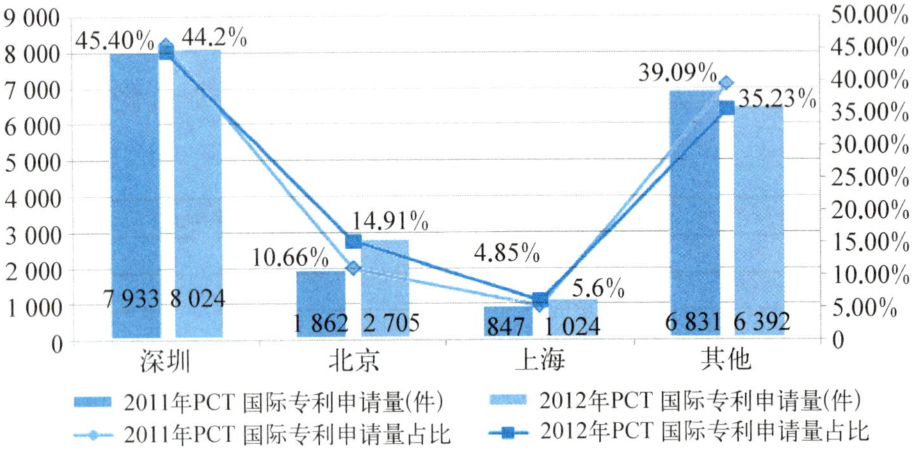

图 2-10 PCT 国际专利比较

三、比较与借鉴：全球科技创新中心人才生态建设的经验借鉴

（一）国家战略层面的创新创业生态建设策略

《创新美国，挑战和变化世界中的繁荣》（“Innovate America，Thriving in a Challenge and Change，2004”）的专题报告（报告以该委员会长官兼 IBM 公司的 CEO 冠名，所以又被称为是“帕米萨诺报告”）。报告在对美国 21 世纪创新经济所面临的挑战和变化以及生态系统进行了认真分析后断言：“创新才是决定着美国在 21 世纪中取得成功的、唯一最重要的因素”，“创新是美国的灵魂，是确保美国在 21 世纪领导地位的非常重要的手段”，为

此“美国未来25年内的课题是完善社会结构，促进发展创新”。为了适应这些创新外部环境的变化，报告提出，美国要想主导世界科技的创新，就必须加强创新生态学的建设，特别要集中抓好“人才（talent）”“投资（investment）”和“基础设施建设（infrastructure）”，以建立起21世纪创新生态学理论和应用体系，只有这样才能提高美国经济和社会的竞争能力，应对21世纪全球技术创新的挑战。

欧盟在组织专家制定的《创造一个创新型的欧洲，独立出口小组关于研发和创新的报告》（“Creating an Innovative Europe, Report of the Independent Expert Group on R&D and Innovation, 2006, 1”）的报告中，对成员国内部的创新领域、资源共享、科技人员的流动、资金投入、激励机制、成果转化等方面，进行了充分的分析和论述，建议各成员国政府要以“为创新产品和服务营造市场，为研发和创新提供充足的资源，改善欧洲结构流动性和适应性”为目标，建立起良好的创新生态系统。

加拿大政府在制定可持续发展战略方面，强调“加拿大的创新战略主要依赖知识经济的原则，经济繁荣依靠于创新，而创新则取决于所有科技人才的创造力”。为此，政府制定了一系列政策，如加强在对人才、知识和创新等几个方面的投入，建设起以区域为基础的研发团队，加强大学的研究能力，提供优惠条件和政策吸引全球高科技人才，实施以科技品牌取胜的目标等，以此营造起最好的创新生态环境，让“加拿大成为世界上最具创新能力的国家”。

（二）旧金山湾区创新创业人才发展生态的借鉴

美国硅谷在内的旧金山湾区是世界上创新创业最活跃的地区，而其中最重要的就是生态。旧金山湾区曾经是军事电子产品的生产基地，随着半导体、微处理器和基因技术的出现，现在的湾区高技术企业主要是信息技术和生物技术。硅谷在全球科技创新的历史上创造了很多个“世界第一”：集成电路、微处理器、心脏移植、重组 DNA……正是这些“世界第一”，使硅谷成为全球科技创新的策源地，全球科技创新网络中具有引领性的轴心。

从硅谷及其所在旧金山湾地区的特征分析来看，我们可以看到全球科技创新中心人才生态需要有以下几方面的基本特征：

1. 创新主体多元、活跃

（1）具有世界顶尖的高等教育机构，培养优秀人才

旧金山湾区拥有世界顶尖的研究型大学，包括加州大学 4 个校区、斯坦福大学、5 所加利福尼亚州立大学、26 所社区学院。其中，研究型大学扮演着专利、发明主要来源地的角色，通过授权专利，推动技术转移、转让。另一方面，州立大学、私立大学和社区学院（如圣何塞州立大学）在通过大规模培养本科、硕士层面的工程师和技术员工，提供硅谷合格的劳动力，给予地区发展重要支撑。

（2）具有世界一流的实验室

旧金山湾区有一流的联邦实验室、联合实验室，为集聚培养先进技术创新领域优秀人才奠定重要基础。首先，能源部、航天局、农业部和退伍军人事务署在湾区设立一批一流的联邦实验室，为当地经济发展、催生出新企业和新产、人才培养集聚做出了极大的贡献。具体包括美国能源部实验室——劳伦斯伯克利国家实验室（lawrence berkeley）、劳伦斯利福摩尔国家实验室、桑迪亚国家重点实验室、旧金山退伍军人办公室医药中心、SLAC 国家加速器实验室、NASA 艾姆斯研究中心联合基因组研究院（JGI）、退伍军人管理局帕洛阿尔托医疗保健系统、联合基因研究院。其次，设有一批有由大学和联邦实验室共同建立和合作实验室，这些实验室由政府发起，邀请私募基金注资，将公共领域的基础研究能力与市场导向的商业联系起来，以加快研究成果商业化的进程。具体包括：加州科学创新研究院（包括加利福尼亚定量生物医药研究院 QB3、社会利益信息技术研究中心 CITRIS）、联合生物能源研究所（简称 JBEI，伯克利实验室包括加州大学伯克利校区、戴维斯校区、LLNL 实验室、桑迪亚国家实验室和卡内基科学研究所。研究所设立的目的在于通过合成生物学推进生物燃料的发展，联合附近的 6 座国家实验室和大学，集中力量加快研究）、加州再生医学研究院（CIRM）等。再次是企业研究室。以安捷伦科技公司、IBM 阿尔马登研究中心、HP 实验室、洛克希德马丁先进技术中心（ATC）为代表的企业实验室，这些实验室重点研究产品相关的应用而非基础研究，补充了大学和联邦政府的研究内容，推动了商业应用和价值创造。同时，企业的研发部门常常与商业部门、风险投资部门和核心技术研发部门接洽，同时常常作为投资衍生企业的牵头人，或者作为“企业孵化”的催化剂。最后是一批独立实验室。独立实验室和研究机构通常是非营利性，通过研究合同和咨询为自己筹集资金。具体包括斯坦福国际研究院（SRI）、电力研究院（EPRI）、湾区研究所（BARI）、儿童医院奥克兰研究所、巴克老龄研究所、格拉德斯通研究所、欧内斯特·加洛临床研究中心、加州科学院等。

（3）孵化器和加速器

孵化器和加速器在湾区创新体系中扮演着重要作用，为新兴企业和年轻的公司提供了价格低廉的办公地点、商业援助和交流机会。对潜在投资和天使投资人来说，孵化器和加速器则是资格审核的工具和交易流动的推动者。孵化器通常由当地政府或经济发展组织资助，也可由企业或大学赞助。加速器往往与投资圈走得更近，可能含有直接投资成分。最知名的孵化器为 Y Combinator 公司，已经孵化了 380 个新兴企业。该公司每年两次吸纳新兴企业，将它们移至硅谷，并给予 3 个月大力协助。另一个领先的加速器是即插即用科技中心，拥有超过 150 个风险投资和天使投资人，2006 年成立以来，已经帮助新兴企业获得超过 7.5 亿美元风险投资。中心的其他服务包括数据中心、交流活动、资深高管咨询（前任咨询师、业内资深人士和连续创业家）、法律和会计服务、协助招纳团队和人才、与大学合作伙伴共事的机会。湾区加速器 2006 年开始每年举办美国清洁科技公开赛，通过商业竞赛发现和支持最具创新性的新型清洁技术的创业者及其技术。自该比赛问世以来，清洁科技公开赛会招纳 1 500 名志愿者，帮助近 600 家年轻的公司筹集到了 6.5 亿美元，且这些公司中有 80%仍表现良好。

（4）专业服务机构

在湾区，对于创新企业而言，技术创新企业受到擅长知识产权、技术等法律、金融、财会及其他专业服务商的支持；要建立正式和非正式的网络，推动企业和创业者共享理念和经验；要有经验丰富的导师对新创企业提供建议和支持；还要有成功的企业领导人成为系列创业者和风险资本家，支持新的企业创建。

2. 创新资源集聚

从资源的角度来看，全球科技创新中心需要集聚各方创新资源和建构发达的区域创新网络。

（1）人才资源

在人才集聚方面，硅谷、湾区是世界上人才、知识最为密集的地方。硅谷吸引了来自世界各地的企业家、大企业员工、大学师生、风险投资家。**在人才流动方面**，人才高速持续周转，推动尖端技术在企业间的共享与扩散，有利于专业人员找到实现最大价值的位置。**在人才使用方面**，突出才华与能力，种族、年龄、资历与经验并不能决定机会和职位，这为人才成长成功提供了可能。

（2）资本

首先是风险投资、天使投资、私募股权。创新成果商品化受到风险投资、天使投资、私募股权等形式影响。硅谷拥有 300 家风险投资、私募股权，2012 年旧金山湾区创业投资额达 34 亿美元，旧金山地区的硅谷和旧金山两个地区创业投资额合计占全美的 37%，占加州的 70%。还有数据表明，硅谷吸引了美国 36%的风险投资，全球的 16%的风险投资。

其次是企业创投公司。大部分企业创投公司注重分辨和支持行业内的新型企业，这些新型企业生产的产品可能与自己的互相弥补或者可能成为未来的收购对象。比如 IBM 和英特尔在湾区布置了活跃的团队，花旗的创投团队关注与金融服务行业相关的可成规模的、颠覆性的技术。企业创投单位也会向具有互补性技术的新兴企业提供仪器设备和咨询建议。**再次是银行和债务融资**。在湾区有美国银行、Mechanics 银行、新资源银行、硅谷银行和富国银行，它们为新兴企业提供债务融资，在支持小型企业方面有着丰富的经验，对创业的商业模式和要求也积累了专业知识。

(3) 政府支持

首先是联邦政府的支持。联邦政府支持湾区的科学创新，不仅体现在研究经费和联邦机构的研究项目上，还体现在支持有针对性的合作活动上，如 2011 年得到美国国家能源部支持，成立湾区光伏联盟。2011—2016 年的 5 年内获得 2 500 万美元资助，并作为国家 SunShot 光伏制造计划一部分。光伏联盟涵盖了全国多所大学，由斯坦福和加州伯克利共同主导。双方各派出 2 名代表与来自产业的 4 名代表共同组成主席团。**其次是州政府的支持**。最近加州政府成立划出特定创新区域，新建创新中心(iHubs)体系——供本地科研全区、技术孵化器、大学、联邦实验室、商业组织、创业者、风投公司、劳动力和经济发展机构创新资产，提供孵化空间、联络网、培训、管理辅助、融资和其他配套支持。目前湾区内5个创新中心，占整个加州5/12，具体包括北湾创新中心、大米逊湾创新中心、圣何塞/硅谷新兴技术创新中心，绿色先进卓越运输创新中心和东湾绿色走廊创新中心。

3. 创新机制灵活

(1) 具有完备的法律制度基础

美国有良好的游戏规则，即建立良好的法律、法规以及证券、税收、会计、公司治理结构、破产、移民、研发和其他许多规范。

(2) 具有良好的创新循环

首先，创业者的循环。成功的创业者转化成天使投资人、风险投资商支持新的创业者，将创业经验薪尽火传。**其次，创业资金循环**。天使投资和风险资本用大量资金支持创业，而成功创业者又将创业所得拿来进行天使投资和风险投资。**再次，技术的循环**。湾区的大学从创业企业中获得了持续不断的市场需求刺激，从而开展前沿课题并提高创新研究能力，又通过人才培养和技术转移正反馈于硅谷创业与创新。人才、资金和技术的循环本质是新经济的循环，极大地提高了区域内创新要素的流转速度和效率，成为硅谷创新经济的发动机。

(3) 企业、政府与非营利机构间的合作

除了大学与产业界的合作，在湾区，企业、行业协会、劳工组织

与服务机构之间也建立了一致的目标。这些机构以及其促成的合作在改善教育、建造信息基础设施、通过电信来减少交通拥挤、提高政府执政水平等方面贡献颇多。

4. 创新创业文化发达

硅谷不是凭空出世的，它的创新和创业的强大动力来源于其充满活力的体制，而体制的形成有着深刻的历史和文化基础。《硅谷百年史》中写道，在以西部淘金热为标志的开发"西大荒"的时代，湾区成为机遇的摇篮和冒险者的乐园。无政府、乌托邦、言论自由、独立精神等各种思潮的自由撞击使湾区在前硅谷时代就产生了引领全美的文化潮流，以摇滚乐、嬉皮士为代表的文化艺术潮流几乎伴随着硅谷起飞的全过程。[①] 萨克森宁认为，相对于美国东部波士顿地区的128号公路周围而言，硅谷之所以后来居上、成为世界知识经济发动机的根本原因在于文化差异：硅谷文化的主要特点是平民化、组织扁平化、经验交流、知识共享、拥抱变革、挑战传统；而128号公路地区的文化则是相互封闭、讲究个人身份和家庭背景，相对比较保守，因此尽管有更多的世界一流大学，政府的支持也相对更多，但是最终被硅谷所超越。[②] 斯坦福大学李钟文等人编著的《硅谷优势：创新与创业精神的栖息地》一书中提及，众多在硅谷长期生活、工作过的"内部人"总结分析硅谷之谜，着重提

① ［美］阿伦·拉奥，皮埃罗·斯加鲁菲：《硅谷百年史》，人民邮电出版社2014年版。
② Annalee Saxenian. Regional Advantage — Culture and Competition in Silicon Valley and Route 128[M]. Boston: Harvard University Press, 1990.

到了创新和创业精神的问题，认为“硅谷不是计划造出来的，发展高科技，资金固然重要，但更重要的是能充分发挥人的创造力的体制和文化，歧视企业家和创业精神的经济不会有活力”，正是别具一格的创新文化、创新精神将硅谷打造为创新的“栖息地”。[①] 艾伦·韦伯在《新经济新的是什么？》一文中说：“最终，新经济的版图并不在科技里，亦不在芯片或全球电信网络中，而是在人的思想疆界中。”显然文化在硅谷的创新创业生态中扮演者举足轻重的角色。

就独特性而言，以下几方面构成了硅谷独特的创新创业文化，也有效支撑了硅谷创新创业生态的发展。

（1）创新创业者独特的价值理念、文化性格

一是改变世界的价值理念。硅谷“改变世界”的创业文化和在这一文化下所产生的怀有改变世界梦想的创业者。这些人思考的是“做什么能改变世界”。在硅谷，创业者最先考虑的是创造价值，而不总是立即赚钱。创业者不会让经济的利益阻碍价值的创造，而正是怀揣“改变世界”、创造价值的梦想，不仅让自己增强直面风险、承担风险、战胜风险的动力源泉，面对崎岖不平的创业之路，不抛弃、不放弃，变得更加坚韧不拔，也以这种激情，把具有共同愿望、信心的各种人员凝聚起来，上下一心，承受大起大落。改变世界、创造价值的梦想成为硅谷的一种文化，是硅谷创新精神的核心。

---

① ［美］李钟文等：《硅谷优势——创新与创业精神的栖息地》，钱颖一：中文版序言，人民出版社 2002 年版，第 5 页。

二是创新创业的超理性动机。硅谷弥漫着一种"不可阻挡的创新精神"，这种精神由一批又一批的人才承载、传播、继承。之所以偏好创新创业，很大程度上是由超理性动机（extra-rational motivations）驱使的。超理性动机——超越了理性和非理性的传统划分——通常不将它当作是创造经济价值的关键因素。但超理性动机包括竞争的刺激、人类利他心理、渴望冒险、探索以及创造的喜悦、为后代作打算、渴望实现生活的意义等。有论者认为，这类动机并不是"锦上添花"的动机，他们实际上对硅谷热带雨林式创新生态的创建是"雪中送炭"。[①]

三是具有率真的个性。硅谷创业者言谈诚实，不忌讳或隐瞒真实情况，比如不虚构自己的经历和意图，不夸大自己的诚意和专注，不作出虚假的承诺，不隐瞒他人的贡献等。硅谷创业者的基本素质之一，也是风险投资者最为看重的品质之一。

四是坚韧不拔的毅力。坚韧不拔是指能够经受压力和打击，能够从困难处境中迅速复复。商业环境瞬息万变——新的需求会不断出现，现有技术会不断更新，而市场趋势也会不断改变。因此，硅谷创业者必须不断进行自我调整、适应变化。硅谷创业者必须具备坚韧的意志，这种坚韧让他们不会贪图捷径，让他们能够自强自立，也让他们带有几分狂傲。此外，他们还需要经历无数的磨炼和坎坷。

---

① ［美］维克多·W.黄等著，诸葛越等译，《硅谷生态圈：创新的雨林法则》，机械工业出版社2015年版。

（2）创新创业企业独特的组织文化

一是主动求变、引领潮流。硅谷的企业不甘于现状，追逐未来，主动求变，尝试新的理念、新的策略和新的定位。当最初的策略或方案不能见效时，企业会迅速转变方向，让产品更受用户欢迎，让企业更能适应市场。这被认为是“硅谷在方法论上的某些精华”。

二是扁平式管理。为了打造高效企业，硅谷的业界领袖采用了一种扁平式的管理结构，企业会将所有员工视为一个团队、一个家庭，并以较为平等的方式分配工作和职责，经理是团队的一员，而不是凌驾于其他成员之上的头目，每个员工不仅有对相关信息的知情权，而且有对商业决策的发言权。尤其是在创新方面，公司的高级主管中会有专人负责，而不是将创新的重大责任交给三四层的部门经理负责。

三是重视团队合作。硅谷的创新创业企业有良好的团队合作的传统。企业并不是一个人的独角戏，每个成功的创业者背后都有高素质的、有高度献身精神的团队，他们可以是具有专利技术的大学和公司实验室科研人员，来自企业销售、资金、市场运作具有丰富经验的经理人，还包括精通法律、金融、会计等专业服务业人员，集合在一道，为着创业成功执着奉献，甚至拿着比在成熟公司更少的报酬，通宵达旦、废寝忘食。

四是倡导共享的商业模式。在硅谷，创新创业企业（特别是软件、游戏和网站服务等企业）不仅通过“免费＋增值”模式，与用户客户共享便利，也推崇“价值应由所有创造者一同分享”，把股权制等长期激励方式作为基本的价值主张，与员工共同分享价值、财富。此外，硅谷的很多企业，还为员工进行健康检查，提供免费午餐晚餐，为家属办幼儿园，提供优厚的退休金等，至少在公司内部，财富被分享而不是独食。[①] 同时，硅谷的企业重视开发合作，很少对自己的创业项目讳莫如深，乐于谈论自己对最新产品或项目，哪怕是竞争对手。正是这种开放、共享的环境中，为企业提供了更多的宝贵的意见，赢得别人的新的资源和新的支持。

五是独特的人力资源管理文化。**其一，表现为任人唯才、能者在上的公司信仰**。在硅谷的企业里，推崇的是“民主—平等—休闲”式的企业组织文化，等级的观念非常淡漠，所有人（无论职位与身份高低），敞开大门，穿着随便，不拘泥形式，只讲绩效；只要有能力，再普通的人也有发展的机会。**其二，灵活工作**。一方面，硅谷的绝大部分公司都实行灵活工作制。人们可以在家里、咖啡馆、楼道、餐厅或任何适于聚会的地点工作讨论。另一方面，硅谷也崇尚快聚快散的短期项目合作。加州的两大著名产业——好莱坞的电影产业以及硅谷的 IT 产业，其共同之处在于，形成了一套让陌生人能够为了一个短期的项目在一起高效工作的机制，为了一个特定的目的快速地联合在一起，完成后就立即解散，这种创造性的重新组装，即最高效率地快速聚集原子及其解散、再聚合的能力，驱动了硅谷创新创业生态的经济价值。**其三，对“背叛”的宽容**。硅谷具有较高跳槽率，员工的流动不受谴责，是一种完全正常的行

① 张景安等：《创业精神与创新集群》，中国科学技术出版社 2015 年版。

为。甚至,从原有的公司出走、从事与其直接竞争的创业是可以接受的,仙童“八叛将”就是明显的案例。[①] 正是这种对流动的鼓励,加强了个人关系和非正式组织的价值,加强了硅谷工程师相互的信任感,同时,突破了公司和机构的边界的可渗透性,以及技术人才和职业经理的稠密人际网络,推动了知识的流动。

(3) 有效支撑和推动创新创业发展的社会氛围

一是崇尚自由的主流文化。受到开发西部边疆的积淀以及言论自由运动和嬉皮士运动的影响,硅谷及其所在的旧金山湾区充斥着一股与众不同的极端而又另类的反传统、反建制的情绪,另类的生活方式和乌托邦式的主流文化,向往独立精神和个人主义的倾向早在硅谷的创业公司出现之前就已存在。同时,“自己动手”的信条,也缔造了今天的硅谷。

二是崇尚“小青新”(小微企业、青年人、新业态)的文化。其一,关注小微创业者的文化,在硅谷起家的,都不是像欧洲依赖的大政府、大工会、大公司,而是像比尔·盖茨、乔布斯最初的车库,因此,硅谷、湾区发展的根本动力来源于无数创业成长的中小企业,特别是那些高成长性企业格外引人瞩目的“瞪羚企业”。其二,是重视年轻人的文化。湾区的高科技产业的历史在很大程度上是一部年轻人的文化史,事实上两个最大的科技浪潮(个人电脑和热

---

① 诺依斯(N. Noyce)、摩尔(R. Moore)、布兰克(J. Blank)、克莱尔(E. Kliner)、赫尔尼(J. Hoerni)、拉斯特(J. Last)、罗伯茨(S. Boberts)和格里尼克(V. Grinich)从肖克利半导体实验室出走后,创建了仙童半导体,而后有纷纷离开仙童半导体,逐步创建了 Intel、AMD、美国国家半导体、LSI Logic、VLSI Technology、Intersil、Altera 和 Xilinx 等众多硅谷巨擘。

联发）和金融泡沫（网络公司热）都是年轻人创造的，同时也是为年轻人的市场（发烧友）创造的。它们代表了青年人文化的最终的因果循环。

三是担当风险、宽容失败的社会态度。硅谷是冒险者的乐园。著名未来学家、斯坦福大学教授保罗·萨佛（Paul Saffo）曾经说过："在硅谷，成功的高塔是建立在失败的废墟之上。"失败不会令人沮丧，也不会令人羞愧；恰恰相反，失败更像是一枚荣誉的勋章、一张创业者俱乐部的入场券。从失败中，不仅可以获得宝贵的经验和教训，还可以领悟这样一个道理：伟大的创新往往源自先前的错误。所以，硅谷人总会坦然接受失败，把它看作创业征途的一部分。

四是多元融合的移民文化。硅谷是一个吸引人才的磁石，硅谷是全美外来移民比例最高的地区。更多的熟练技术移民的进入对创新有着直接的影响，根据一项研究，每增加 10%的外国研究生会增加 4.5%的专利申请数、增加 6.8%的大学专利授权数、增加 5%的非大学专利授权数。这样一来，不仅推动了硅谷新兴产业的发展，而且辐射带动了世界其他新兴产业区域的产生，改变了世界经济地理版图。另一方面，随着移民的增多，强化陌生人社会的特征、简单的社会结构和互动模式逐渐形成，即越是在移民的文化中，基于家庭以及历史的社交族群定义"强连接"越弱，基于个人兴趣以及职业合作、有利于创新发展的"弱连接"变得越强，更重要的是，通过移民引入基于原籍国的文化观念、经验和体验，为在硅谷的人们创新创业引入新的元素、提供了新的视角，不断丰富已有多元的文化，推动多种、多样、多元文化的融合，形成了硅谷多姿多彩、活力无限的移民文化。从文化的内核来看，移民文化是冒险、拼搏、开拓、进取的，移民只有敢冒风险，搏命劳作，勇于开拓，锐意进取，才能生存和发展；移民文化是开放，在色彩多样的地域文化交互融合，培育出漠视出身背景、注重个人实力和创造潜能发挥的品质。同时，移民文化具有兼容性特征。移民文化都是杂糅文化，具有文化的杂交优势①，此外，移民文化具有先导性特征，在开放兼收的作用下，必然孕育出勇于探索、敢为天下先、求新求异的精神气质。② 这些，恰恰与创新创业所需要的气质是吻合的。

五是推崇创业循环。在硅谷，创业者赚钱之后，往往不做“守财奴”，会再投资到创业环境中去。这包括至少三方面的循环：其一是创业者的循环。成功的创业者转化成天使投资人、风险投资商支持新的创业者，将创业经验薪尽火传。其二是创业资金循环。天使投资和风险资本用大量资金支持创业，而成功创业者又将创业所得拿来进行天使投资和风险投资。其三是技术的循环。硅谷的大学从创业企业中获得了持续不断的市场需求刺激，从而开展前沿课题并提高创新研究能力，又通过人才培养和技术转移反馈于硅谷创业与创新。人才、资金和技术的循环本质是新经济的循环，极大地提高了区域内创新要素的流转速度和效率，成为硅谷创新经济的发动机。可以这样讲，一个地区对于硅谷模式的学习，关

---

① 傅腾霄：《移民文化与文化创新》，《移民文化与文化现代化》，《深圳大学学报》（人文社会科学版）2003 年第 5 期。

② 张然：《论移民文化及其特征》，《深圳大学学报》（人文社会科学版）2001 年第 1 期。

键在于这种良性循环的复制。[①]

(4) 有效激发创新创业激情的文化活动

尽管硅谷以科技创新、创业著称，但塑造硅谷创新创业文化性格的文化活动，在硅谷的发展进程中不可小觑。一方面，各种各样的文化活动助推着创新创业者的独特的离经叛道、特立独行、漠视规则和传统的性格。早在硅谷崛起之初，与创新创业活动相伴的文化艺术活动，就在硅谷所在的旧金山湾区蓬勃发展起来，例如体现那种的精神的实验音乐、“放克美术”运动、先锋派的建筑和设计等。20 世纪 70 年代中期，旧金山的艺术圈子开始转向视频、表演艺术、参与性装置艺术、混合媒体以及“时间艺术”，它们往往伴随着现场电子音乐。近来，蹦极、高空跳伞、黑客聚会、马拉松、自行车赛和铁人三项、火人节(burning man)[②]等在硅谷创新创业者中流行，这既与嗜好冒险的性格契合，也与去中心化、打破一切规则的社会形态紧扣。另一方面，硅谷也有较高的文化消费。据 2015 年硅谷指数显示，34%的旧金山成人参加文化艺术活动，包括游览动物园、博物馆、演出、音乐会、电影、购买音像制品。硅谷居民年均文化艺术消费在 473 美元，其中，用在阅读材料的 261—277 美元，记录媒体 73—76 美元，图像设备 56—60 美元，乐器 15 美元。[③]

---

① 王德禄、赵慕兰、张浩著：《硅谷中关村人脉网络》，清华大学出版社 2012 年版。

② BurningMan 是由一个名为“BlackRockCity，LLC”的组织发起的反传统狂欢节，为期 8 天。自 1986 年开创以来，年年举行，举办地选在美国内华达州黑岩沙漠(BlackRockDesert，位于里诺市东北方向 150 千米处)盆地。时间一般为 8 月底至 9 月初美国劳工节。参与者数量连年攀升。今年参加的共有 47 097 人，来人均被称为 Burner。

③ 2015 SILICON VALLEY INDEX.

5. 宜居宜业的环境

(1) 生态环境

硅谷不是一个独立的城市，而是由许多城市组合而成。从地理位置看，背靠太平洋海岸山脉，坐拥旧金山湾，西临太平洋。硅谷气候宜人，温暖舒润，冬暖夏凉。但硅谷地区四季降雨严重不均，夏季干旱无雨，甚至夏季前后约半年无雨，一年 300 天以上晴天。硅谷向西，30 分钟可以驱车到太平洋海滩漫步，向东 3 小时，可以享受雪山森林，向北 1 小时，到达世界知名的葡萄酒产地纳帕溪谷，非常适宜居住休闲。

硅谷是一个“公园式”的高科技创新创业工业区。虽然高科技公司林立，但绝不是高楼大厦星罗棋布，在丘陵和海湾之间，硅谷中各大公司的现代化建筑掩映在绿水青山的恬静气氛之中，也因此获得“公园式工业区”的美名。硅谷虽然建筑房屋密密麻麻，但绿化面积大于建筑面积。这有赖于当地政府和居民因地制宜地大力推进绿化工程，不但道路旁和房屋旁种树，树下种草或种花，而且停车场也认真绿化，设置树坛和花坊，种上树木和花卉，甚至用绿色植物作为天然的边界划分区域空间。

硅谷宜居宜业的自然生态环境一方面具有天然区位优势，另一方面则依托居民对环境的自我保护和建设。打造宜居宜业的生活环境，固然需要气候宜人，景色优美的自然生态环境，但是青山绿水也需要人的保护。硅谷居民的环保行动主要体现在节水和积极应对气候变化两方面。近年来，全球气候变化问题日趋严重，硅谷遭遇了连续的干旱。2015 年，硅谷居民依托高科技的运用，将人均每日用水量降低了 17%。鉴于减少能源消耗和碳排放的环保理念，电动能源汽车的使用量也大幅增加，截至 2015 年，硅谷电动能源汽车的使用量已经达到了 20%。此外，在太阳能使用方面，硅谷累积使用量也大幅增加，非常有效地降低了对电网电力的依赖。依托硅谷高新技术的有效转化及积极超前的可持续环保理念，硅谷居民已然成为美国甚至世界的环保引领者和实践者。

(2) 有效的公共服务供给和便捷安全的城市生活

硅谷从最初就致力于提供充分有效且便捷的公共服务，目前形成了公共交通、教育、医疗保障以及安全等全方位的服务供给体系。

交通拥堵可以说是全球城市共同的治理难题。便捷快速的交通运输网路，对于创新创业生态系统而言却是不可或缺的重要组成部分。移动是当前智慧社会的前提和特性，无论是人、财、物甚至是无形的数据都需要移动和交流。应对气候变化，减少碳排放，增强交通通行的效率，硅谷与其他全球创新创业城市一样，近年来一直致力于发展公共交通系统以及推动骑行出行的行动计划。从统计数据看，2004—2014 年，硅谷单独驾驶汽车通勤的比例已经从 78%降低到了 74%，与之对应的是选择骑车出行和搭乘公共交通的人数有了显著提高。2014—2015 年，硅谷骑车出行人数和搭乘穿梭巴士(VTA Express Bus)的人数同时增加了 14%。[①] 公共

① 2016 SILICON VALLEY INDEX.

交通使用人数的显著提升主要由于两方面的因素，一方面当然是硅谷创新创业者绿色的环保理念；另一方面则是硅谷各城镇提供了众多可选择的公共交通出行工具。包括城镇内的公交和轨交系统以及跨城区的快速穿梭巴士和快速火车。

表 3-1 硅谷出行方式

出行方式	单独驾车	拼车	公共交通	在家办公	其他方式	走路
2004 年	78%	10%	4%	5%	1%	2%
2014 年	74%	10%	6%	5%	3%	2%

注：其他方式：出租车、摩托车、自行车等出行方式。
资料来源：2016 SILICON VALLEY INDEX。

就教育而言，硅谷具有涵盖从 3～4 岁学前教育到大学专业教育的完整体系。在这个教育体系中公立学校和私立学校共同为整个硅谷地区提供完整的教育服务。就学前教育而言，硅谷的入学率比加州整体高了将近 11 个百分点。从大学入学比例而言，硅谷也远高于加州整体水平。以获得加州大学或加州州立大学的入学通知书的比例而言，硅谷地区的比例是 55%，而加州仅为 42%。同时，著名的斯坦福大学就坐落于硅谷，其对于创新创业者的吸引力也是巨大的，无论是对于其自身的能力提升还是对于下一代的教育而言，斯坦福大学都是硅谷教育体系的标志性存在。

在医疗保障方面，硅谷形成了覆盖从 18 周岁到 64 周岁全部居民的医疗保险体系。无论其是否就业，硅谷居民都能享有足够的医疗保障。从数据看，截至 2014 年，硅谷地区 18～64 周岁人群医疗保险覆盖率已经达到了 90%，其中 18～64 周岁失业者的基本医疗保险覆盖率达到了 78%。这种不排除失业者的医疗保障体系可以说在很大程度上减轻了创新创业者的后顾之忧。当然，这一方面得益于美国推进向低收入群体倾斜的医保体系改革（LIHP、ACA 等[①]），另一方面也是因为硅谷地区创新创业人群大量集聚所产生的特殊状态下的医保需求。同时，硅谷地区还拥有完整的公共设施配套，包括商业、办公、餐饮、娱乐、医疗、体育、公交站等，进一步提升了当地居民的生活便捷度和舒适度。

此外，硅谷相对加州和美国其他城市而言，也是一个安全的地区。对构建宜居宜业的生活环境而言，最基本的要素就是良好的公共安全。硅谷地区逐年增加的警力配备和逐年下降的暴力犯罪率足以证明硅谷具有有效的公共安全服务和保障。2014 年硅谷地区每 10 万人中暴力犯罪仅为 231 人，远低于加州的 395 人。

（3）生活居住成本

鉴于硅谷不是一个特定的城市，而是由旧金山湾区的城镇群构成的区域，所以对于硅谷的生活成本我们以旧金山为参考样本。根据美世咨询（Mercer Consulting）发布的 2016 年度生活成本排名报告（“Mercer 2016 Cost of Living City Rankings”），旧金山的生活成本位居全球第 26 位，北美地区的第 2 位。其中，居住成本尤为高昂。最近的统计显示，目前硅谷居民居住支出已经占到了收入的 39%。

---

① LIHP：the Low Income Health Program；ACA：the 2010 Patient Protection and Affordable Care Act，also known as Obamacare.

应对日益高昂的住房成本，硅谷地区一方面增加住房供应量，积极向周边城镇拓展，希望通过降低土地使用成本来切实减少硅谷地区居住成本的支出。同时，转变现有住宅开发模式，针对硅谷集聚的创新创业人才的特性，定制开发小户型住宅和公寓来满足他们的居住需求同时降低居住成本。

（4）完善的基础设施和人力资源服务

无论是高速公路路网还是机场、火车、港口以及市内的公交系统和数据通信网络，硅谷拥有非常完善的基础设施。作为硅谷的诞生地，美国在基础上设施方面的杰出表现，吸引集聚了来自全球的创新创业人才。在人力资源服务方面，对于海外留学生就业，硅谷的公司基本都会协助办理美国工作签证 H1B。对于海外移民，全部大公司和很多中小型公司都承诺协助申办美国绿卡，这些工作身份上的细致服务对于吸引集聚全球人才的作用巨大。

（三）纽约人才生态

纽约是顶级的全球城市，也是全球优秀人才的目的地。从调查来看，公司（16%）、专业人才（22%）、创业者（10%）、文化创意家（21%）、技术引领者（6%）、旅游者（22%）、照顾家庭者（2%）、其他（1%）。

纽约未来增长的产业，其中金融服务业（28%）、医疗健康产业（10%）、专业和商务咨询服务（28%）、技术（13%）、本地创业者(12%)、非本地业务拓展(8%)、其他(1%)。

从构成纽约发展的最主要因素来看，主要包括：吸引具有多样化背景的高素质人才、推进和培养创新创业文化、确保工作和生活平衡充分的机会、提供支持创新创业良好的资本和基础设施、提供有意义的税收激励。

纽约吸引人才的挑战因素：居高不下的生活成本(47%)，与家庭定位冲突(21%)，中等岗位的获取(11%)，犯罪(8%)，基础设施的落后(6%)，其他(2%)。

1. 实施人才培养计划

全球金融危机之后，纽约改变了既有的城市发展战略，将突出金融、信息、房地产(FIRE)为主的产业导向转变为突出创新发展的导向，明确提出要在美国东海岸打造类似硅谷的“硅巷”。为适应这一转向，纽约提出了调整人才培养的策略。

(1) 未来能力计划

一是加强政产学等相关主体合作，建立定期论坛机制，分析和识别重点产业未来发展及其能力要求。二是根据未来发展能力要求，制定由相关主体积极支持的城市人才战略和发展路线图。三是鼓励高校吸收相关信息，强化课程建设，同时鼓励产业部门参与大学教学、科研活动。四是健全专门部门，加大合作力度，统一管理能力标准、认证。

(2) 健全能力标准和认证机构

一是增强执业许可要求的灵活性，让更多符合条件、拥有外地或外国资格证书的人才能够来纽约工作。二是推出满足企业需求的可叠合式学分课程(stackable credentialing programs),为低技能人员提高能力,提高职业发展通道,同时帮助纽约解决中低技能人员能力差距问题。

2. 吸引全球移民

在吸引人才的积极方面,纽约新兴产业的出现及其创造的新的就业岗位,对纽约吸引国内人才创造了条件。包括经营便捷性、降低规制成本、支持新创企业等在内的良好的营商环境对于吸引国内人才流向纽约,具有积极意义。同时,纽约在就业法律法规(录用和解聘的方便程度、工作时间的灵活性等方面)排名靠前。此外,纽约充满活力的城市文化在吸引外来人才方面扮演了重要角色。在吸引人才的消极方面,纽约不掌握移民政策的制定权,但是严苛的移民政策对纽约市的人才流动产生重要影响。与此同时,城市吸引国内人才的能力能够在一定意义上抵消国际移民的挑战;但是10多年来,纽约国内移民在呈下降趋势。此外,生活成本和生活标准是吸引和留住国内人才的重要方面。

为吸引更多人才,纽约提出了一系列计划。一是设立“新到纽约”(new to New York Program)项目。受到新加坡民族融合理事会(Singapore's National Integration Council, NIC)设立1 000万美元社会融合基金(Community Integration Fund)推动移民融合工作以及加拿大公民和移民署资助的“新到多伦多者策略”(Toronto Newcomer Initiative)影响,纽约移民事务办公室建立一站式信息门户网站，开辟教育、就业、住房、社会服务、医疗和安全等多项内容，通过门户网站提供充分信息，让移民人才在纽约安家落户。二是吸引国内人才。加大城市品牌建设，吸引特定产业、产业群体的人才。例如，加大纽约活力、技术友好型地区的品牌宣传力度，吸引年轻、高技术创业者。三是支持新建企业。与建立"新到纽约"项目相似，纽约建立了引导创业、提供一定支持服务的一站式交互服务平台，集中、巩固各类服务资源，为创业发展服务。例如，纽约州主要经济发展机构"帝国州立服务"（Empire State Development，ESD）设立项目，为要在纽约投资创业的企业提供集中交互服务。纽约中小企业服务处（the city's Department of Small Business Service，SBS）、纽约市经济发展公司（The New York City Economic Development Corporation，EDC）创业项目。四是完善技术岗位的签证政策。纽约有37%的外国人口，英国、加拿大、澳大利亚采用积分制。

3. 可获得人才的成本效益

优质人才的成本是企业在选择地域的一个关键选项。企业正在寻找成本效益最佳的人才。人才的成本收益是指用于评价在一定价格下可获得人才的质量对于城市竞争力的影响程度。通过衡量每一地成本指标（cost of index）、质量指标（quality index），其中，成本指标包含不同地域特定岗位、相当水平的平均薪酬比较。质量指标指示特定地域人才的质量，包括通过人均GDP衡量劳动生产率水平、顶级大学数量、来自世界经济论坛《全球竞争力报告》

的数学和科学教育质量、管理和领导力开发项目的质量。

纽约人才成本效益的情况，以纽约金融产业为例，从积极的角度来看，纽约市人才成本要高于其他城市，但同时纽约金融人才成本收益水平也高于其他城市；从消极的角度来看，其他城市中高级人才的成本收益在后来居上，正缩短相互之间的差距。纽约需要采取相应的政策措施，继续以可负担的成本来吸引、留住和发展高品质的人才。以纽约的高新技术产业来说，一方面，旧金山高技术产业的人才质量位居所有城市首位，波士顿、伦敦、纽约等城市的人才质量要逊色于旧金山，但与此同时，旧金山人才的成本也是最高的；另一方面，纽约人才的竞争优势在于，在所有城市中纽约人才单位成本中具有最高的质量，这是纽约最大的竞争优势，纽约必须充分利用这一优势，使纽约成为吸引高新技术人才的重要砝码。

作为对策，纽约要做以下几件事情：

一是有效区分利基产业（niche sector）、制定有效人才战略。要区分创造就业岗位的性质。从目前的情况来看，在高新技术领域，金融技术、医疗信息技术、数字媒体和广告、社会传媒等产业是纽约可能成功的重要领域，纽约要制定相应的人才战略，适应产业发展的需要。唯如此，纽约才能有效控制人才的可获得性和质量，进而保持成本和质量之间的有效平衡。

二是要推广纽约在高新技术领域成本收益状况，吸引更多创业、投资。纽约具备成为技术枢纽的所有要素，包括在人才成本与质量上的最优平衡。

三要调整能力开发体系，确保具备充裕的满足需求的人才储备。未来能力课程能够识别利基产业当前和未来发展的能力要求。要使纽约成为技术的中心，必须确保满足产业在任何时间点上的人才规模、质量和能力上的要求。这要求各级教育能够加大教育培养力度，创造稳定、持续的人才渠道。同时，要加强产学之间的联系，加强人才培养。

4. 优化营商环境

经营生态包括经营和政策环境、集群支持、基础设施。其中，经营和政策环境包括营商友好型的政策、政治的稳定性、效率、政府职能部门的透明度、工作场所安全性、低犯罪率等。集群支持包括创业、成长、发展的支持，例如资本、机会、创业的便利程度、激励的可获得性。基础设施包括办公空间、医疗设施、通信设施、交通、联系程度等。

从目前的情况来看，纽约在经验和政策环境方面的优势是有效的城市治理和积极推进商业发展的政策，但同时，纽约在犯罪率方面，在推进新兴产业发展、在高企的商务成本、在创办企业（例如获得有效信息、获得办公用房、其他支持等）方面还面临一系列的挑战。在集群支持方面，纽约充满活力的经济为所有人提供充沛的机遇，易于建立相应的网络，寻找到合适的投资者，同时，纽约的孵化器项目也推动创业发展，纽约大学创新风险基金（NYU Innovation Venture Fund）为推动纽约大学学生、教师、研究者创办企业提供了极大的帮助，过去 20 年该风险基金成功扶持了 100 家新创企业。从基础设施角度来看，纽约市必须加快基础设施现代化的步伐。热带风暴桑迪暴露了纽约城市基础设施的可靠性和弱点，气候变化也要求城市设计与规划要适应未来发展变化，同时，越来越多的企业搬到行政区外，舒缓了曼哈顿的办公用房和基础设施的压力。此外，纽约还需要在办公用房、交通、无线通信或网络连接性、机场、医疗设施等方面加大改进力度。

纽约的优势在于积极的经济政策，能够继续支持企业的创办和发展。现在的重点开始聚焦于生活质量因素、鼓励新产业、建立满足经营需求的良好生态上。特别是纽约具备吸引高技术产业的良好的经营生态，有利于吸引高技术创业。但是，纽约的劣势在于商务和经营成本很高，对保持经济增长、创造就业机会、保留人才而言具有重要的挑战。同时，纽约的基础设施需要进一步升级，以满足正在出现的高技术产业以及未来工作群体的需求。

作为对策，一是树立发展大使（development ambassadors），推广城市、分享城市成功故事。要识别特定产业的商业大使，推广城市价值，吸引潜在的投资者和组织，向他们传递积极形象，传递产业与政府合作信息。二是推出创业稳定期扶持项目。要充分应用对高技术产业友好的商业环境，吸引和留住创业企业。通过延长创业生命周期，纽约能够确保创造更多中等技能人才的就业机会。目前，纽约有很多创业初期的符合项目，但是随着创业企业的成熟，他们还面临着办公场所租用、雇用和留住合适员工等一系列问题。一些加速器项目支持了企业创业阶段。纽约需要退出新的项目，推动企业生命周期的研究。三是推出企业居住支持计划（employer assisted housing）。许多人反映，能否获得负担得起的住房，是一个重要选项。企业居住支持计划是一个双底线(double botton line)战略，一方面能够帮助人才获得在工作场所周围负担得起的住房，另一方面帮助企业找到和留住合适的员工，改善与社区的关系，帮助邻里复兴。

5. 打造新千年员工城市

新千年的员工与前辈有着明显的不同，企业必须适应员工的这种变化，特别是针对新千年的世代(Millennial workforce)的需求做出回应，采用适应这一代人才管理模式。对新生代的人才管理，不仅要求在能力、职能、职业上要有升级，而且在工作环境、工作与生活的平衡、生活质量等方面也要有新的调整。

新一代的员工需要灵活的、合作的空间。从空间的要求上来看，有以下几点：其一是要把员工带入空间。要在企业内部提供高度合作、交互的环境，包括咖啡吧、会议室、机场环境、视频会议室。谷歌提供从免费食品到电子图书馆在内各种服务，给员工创造生活空间，能够在合作空间中释放创新激情。其二是走到员工居住的地方。要鼓励工作场所接近员工居住地。其三是到员工旅行的地方去。其四是到客户居住的地方去。其五要完善联络工具。这样做的好处是增强员工之间的合作，提高归属感，缩短交流距离，提高工作效率，创造绿色、灵活、适宜的工作场所。

政府要积极与企业合作，激励企业建造良好的工作空间，鼓励企业在特定交通线上设点，鼓励来自特定产业的人才生活、工作在同一地区，共同地域(co-location)能够促进思想和才能的交流，建立多层面的经济优势。

作为策略，一是要加大城市品牌建设和推广力度，把纽约打造成为新千年员工城市。未来吸引未来员工，纽约应该推出一项未来世代员工城市，改善一般和公共场所基础设施和宽带链接性，推出新能源项目，加大社会媒体宣传力度。通过一系列的措施，重塑纽约的形象，从全球金融中心转变为多样化的全球知识、人才枢纽。二是创造更加有效、更加绿色的工作场所。在政府建筑、图书馆、学校或社区中心允许建立共同工作和咖啡吧，提供邻里沟通的机会；要加大绿色城市建立力度，通过税收和其他激励，鼓励建立绿色屋顶、绿色幕墙，减少雨水径流和热岛效应。积极发展自行车道，提供可租用自行车。

(四) 特拉维夫-雅法：以色列硅谷宜居宜业环境

特拉维夫-雅法（英语：Tel Aviv-Yafo），通常简称为特拉维夫，是以色列第二大城市，人口总数大约在 400 万人。[①] 以特拉维夫为中心的“古什·但”(Gush Dan)城市群共同组成了特拉维夫市。城市群包括：巴特亚姆、霍隆、拉马特甘、佩塔提克瓦、里雄莱锡安、拉马特沙龙、赫兹利亚等城市。特拉维夫被认为是以色列最

---

① https://zh.wikipedia.org/wiki/%E7%89%B9%E6%8B%89%E7%BB%B4%E5%A4%AB.

为国际化的经济中心和以色列的硅谷。根据特拉维夫市政府的统计数据显示，在以色列全国 5 000 家早期初创企业中有1 450家都集聚在特拉维夫，占比接近 30%，平均每 300 个特拉维夫居民中就有不止一家创业企业。[①] 2016 年以色列已然成为全球大型企业并购的热点区域之一。仅著名的 Ebay 互联网公司在 2016 年就着手并购了 2 家来自以色列的科技公司，分别是使用人工智能技术预测顾客购买行为的 Salespredict 公司和研发机器自动识别技术的 Corrigon 计算机视觉公司。这两家公司都是 2013 年左右在特拉维夫开始创业成立的。因此，无论是对以色列而言还是对世界而言，特拉维夫都是名副其实的创新创业城市和世界硅谷。

1. 自然生态环境

特拉维夫地处东经 34 度北纬 32 度附近，濒临东地中海，属于以色列地中海平原地带，地势总体平坦。从地理位置上而言，特拉维夫是联系欧洲、亚洲和非洲三大洲的陆桥。从特拉维夫向东南方向 60 千米就能到达耶路撒冷，向北 90 千米可以到达以色列著名的海港城市海法。典型的地中海气候类型使特拉维夫气候宜人，温暖舒适。常年平均高温 26℃左右，极端低温一般不会低于 5℃。特拉维夫地处平原，周边是大片的沙丘地带，从绿化植被的种植生长而言先天不足。但是利用以色列特有的滴管技术，特

① http：//cn.timesofisrael.com/%E7%89%B9%E6%8B%89%E7%BB%B4%E5%A4%AB%E4%BD%95%E4%BB%A5%E6%88%90%E4%B8%BA%E7%8A%B9%E5%A4%AA%E7%A7%BB%E6%B0%91%E4%B9%8B%E9%83%BD/.

拉维夫城市内依然绿树成荫，生态环境非常舒适宜人。

正如《悦游》这本旅游行业权威杂志所言，特拉维夫因其特殊的地理位置而受到欧洲、北非、中东和地中海影响，是世界上最具活力和多样性的城市之一。特拉维夫原生态的海岸沙滩、高科技的生活和每年超过 300 天阳光灿烂的日子使得追求自由和创新的人才在此集聚。2016 年特拉维夫吸引了超过 12%的以色列新移民在此安家落户，这些移民与过去的多数来自苏联和东欧地区的犹太移民不同的是，他们多数来自欧美国家。多数近期移民到特拉维夫或正在考虑移民的人在接受访问时表示，创业氛围、自由环境以及大都市的生活方式是特拉维夫最吸引人的地方。[①]

2. 智能便捷的城市生活和公共服务体系

特拉维夫的城市生活环境充分体现了其创新智能城市的定位。特拉维夫市政府多年来运用高科技技术手段打造了一个融合城市公共服务和信息采集的智慧平台 Digi - Tel。该平台实现了城市和居民之间的直接联系，并能及时为市民提供打折和优惠信息和道路施工提醒信息等多种基于个人兴趣的服务。这个数字平台的终端是一个城市居民会员制俱乐部的手机 APP，居民通过使用 APP 可以量身定制自己感兴趣的城市服务和提醒内容。2014 年特拉维夫也由此击败了 250 多个竞争对手而荣获世界智慧城市

① http://cn.timesofisrael.com/%E7%89%B9%E6%8B%89%E7%BB%B4%E5%A4%AB%E4%BD%95%E4%BB%A5%E6%88%90%E4%B8%BA%E7%8A%B9%E5%A4%AA%E7%A7%BB%E6%B0%91%E4%B9%8B%E9%83%BD/.

大奖。2017年特拉维夫市政府将进一步推动智慧城市的建设。在原有智慧项目的基础上，推进社区试点测验新技术计划。这个项目的理念就是利用特拉维夫创业孵化器众多的优势，促进智慧城市技术发展，为孵化器内的诸多创业企业提供现实的实践场所，让他们研发的诸如智能停车、智能卫生系统等在现实社区运用中获得实测数据。同时实验成功的研发可能将直接运用于特拉维夫智慧城市建设之中，为居民提供更为智能便捷的城市生活。在智慧公共服务方面，免费的Wi-Fi覆盖了特拉维夫全城，甚至在海滩等热点通常难以扩及的地区。政府市政数据库也向全市居民开放，公共服务政策透明可获。

特拉维夫为了打造更好的宜居宜业的环境，每年都举行数百场的“创业聚会”(meetups)会议、“编程马拉松”(hackthons)、科技竞赛等，为居民交流思想、网络建设和相互协作提供了良好的平台和创新宜业的环境。此外，特拉维夫市内星罗棋布的咖啡馆、酒吧、沙滩、商场、露天广场等休闲娱乐场所为创新创业的青年人提供了舒适便捷的都市生活环境。发达的公共交通和政府主导的共享自行车计划等为特拉维夫的绿色畅行提供了保障。

在教育方面，特拉维夫也拥有超强的实力。著名的特拉维夫大学和巴伊兰大学都坐落于特拉维夫。体育方面，特拉维夫拥有一支世界级的篮球队——特拉维夫马卡比篮球俱乐部、多个以色列甲级足球俱乐部和以色列最大的划艇俱乐部。

医疗保障方面，以色列国家政策规定外籍雇员和本国雇员一样享有同等的医疗保险待遇。雇主在雇用外籍员工时必须为其购买医疗保险。以色列国家社会保险机构会为外籍员工提供工伤、产假等基本社会保险。同时,在雇用公司倒闭或者破产的前提下,社会保险机构还将负责赔偿未支付的工资和遣散费等。对于海外留学创业者和非以色列籍的创业者而言,政府社会保险机构的托底保障进一步降低了创业风险和后顾之忧。

此外,特拉维夫也是一个安全的城市。常年的阿以冲突使得以色列的安全形势不容乐观。但是以色列境内诸多城市包括特拉维夫在内,相对世界其他地区而言反而更为安全。因为以色列政府和特拉维夫市政府都在安全保障方面投入了大量的资金、技术和人员。全民皆兵的兵役制度、高度发达的安保技术以及特拉维夫 Digi - Tel 平台对地理位置信息的采集和处理为特拉维夫的城市安全提供了充足的保障。

3. 生活居住成本

特拉维夫的土地资源非常有限,同时市中心的住宅面积供应有限导致了特拉维夫较高的生活成本,尤其是房价居高不下。2016 年特拉维夫甚至爆发了市民抗议高房价的“帐篷”运动。在中东地区,排除物业租金项的统计,特拉维夫是生活成本最高的城市。如果加上租金项统计,特拉维夫也仅仅落后于沙特阿拉伯的迪拜而位居中东地区生活成本第二高的城市。从城市历史发展看,特拉维夫-雅法本身就从雅法古港口向外逐步扩展而形成的城市群。为了应对土地使用紧张的状况,特拉维夫目前仍然在向外部的沙丘地带扩张建设定居点。

4. 完善的基础设施

无论是高速公路路网还是机场、火车、港口以及市内的公交系统和数据通信网络，特拉维夫拥有非常完善的基础设施。特拉维夫公路网络四通八达，以色列20号公路贯穿城市并与1号、2号公路相连，分别通往本-古里安国际机场和耶路撒冷、海法等周边城市。火车方面，特拉维夫共建有4个火车站，每月承担运送将近100万人次的出行。机场方面，特拉维夫紧靠本-古里安国际机场，因此机场又被称为特拉维夫国际机场，是世界航空网络的重要枢纽之一。目前中国也开通了多条直飞该机场的国际航线。此外，特拉维夫距离著名的港口城市海法也相当近，依托海法充分发挥港口航运的便利。

同时，特拉维夫还拥有以色列唯一的证券交易所——特拉维夫证券交易所，为特拉维夫诸多科技创新企业带来了融资的便利。

（五）知识城市生态

以色列裔的创新生态学者Ron Dvir博士在研究“知识城市”和创新生态学的过程中，将这些城市拥有的元素归纳为“城市创新引擎”（Urban Innovation Engine）。在他看来，“创新是将知识和想法转变为价值的过程”。而“‘城市创新机器’是一个引起（trigger）、再生（generate）、培育（foster）和催化（catalize）城市内部创新的系统。这个庞大的复合系统(complex system)包括人(people)、关系(relationships)、价值(values)、过程(processes)、工具(tools)和技术的(Technological)、物理的(Physical)和财政的(Financial)基础设施”。同时,研究表明,许多市政建筑也可用作创新机器。然而,并非每所大学、图书馆或工业区都可以真正发挥创新机器的作用。他们中间将特定的市政建筑转化为一个创新的机器,总是存在组合的无形因素(intangible factors),这可能包括一种战略意图(a strategic intention)和用作创新机器的明晰的视觉(explicit vision)、杰出的领导(exceptional leadership),急需品(urgent need)和特别团队(special team)等。“城市创新引擎”是一个城市历史文化的沉淀和现代建设成就的总和。主要包括以下基本要素:

一是典雅的咖啡厅(The Cafe):由于知识和想法主要是在谈话中产生的,从历史上看,典雅的咖啡厅提供了交流思想如艺术、哲学、心理学和政治学的理想场所。比如19世纪许多有重要影响的思想就是在咖啡厅诞生的。因此,“知识咖啡厅”(knowledge cafe)的方法论发展成为支撑创新突发奇思的过程(innovation brain storming sessions),是一件很自然的事情。

二是重大节事(The Big Event):城市的重大事件包括国际性、区域性和地方性有较大影响和知名度的活动,如运动会、博览会、高峰论坛、洽谈会、文化科技节庆等。这些活动为各国、各地区的参与者提供了分享科技文化成果的机会,也可以引起国家多样性文化的传播和创新活动的开展,如法国为举办“巴黎1900年世界博览会”(Paris Exposition Univeselle de 1900)修建的埃菲尔铁塔，就是创新工程领域内一个最好的例证。

再如2004年，在西班牙巴塞罗拉举办的“2004年全球文化论坛”(Forum Universal de la Culturas 2004)，就是该市为打造“巴塞罗拉知识城市”(Barcelona knowledge city)形象所采取的实实在在的步骤之一。活动结束后，西班牙和巴塞罗拉政府和市民深深体会到，由于该活动是世界上最大的综合性文化娱乐活动，它为帮助解决21世纪人类共同面对的冲突，提供了一个新的和富有创造性的空间。活动期间，在30公顷的土地上到处弥漫着思想，各种公园、街道、礼堂、游泳池和海洋馆应有尽有。这些文化娱乐设施为观看表演、聆听演讲和报告、开展实验、创造和欣赏，学习和发明等提供了极好的机会，既兴奋，又思考。人们不论种族、民族，年龄和教育背景，都可以在活动中满足好奇心和需求。

三是图书馆(Library)：大的图书馆不仅仅能让人们获得过去几代人所取得成就的知识记录，而且是创新的场所。通常，图书馆分为学术类图书馆(academic library)、公共图书馆(public library)、学校图书馆(school library)和专业图书馆(special library)。图书馆一般承担着学习(focus on learning)和研究(focus on reasearch)的中心职责。

四是门户(The Gate)：正如新西兰的Steve Searle博士所指出的，与城市身份相符的起点是拥有一所大学和一个国际机场。机场象征着知识、观念、不同视觉、专家队伍和进出城市的创新可以自由流动，这是任何现代化城市创新基础设施的中心因素。除了机场之外，还有高速公路、港口和其他交通枢纽，真正构建起“条条大路通罗马”的便捷。

五是博物馆(Museum)：如同图书馆一样，大的博物馆不仅展示出历史文化成就，同样也是刺激艺术和其他领域创新发明的场所。人们可以在感受博大精深的历史文化中萌发一些新的创意和观念，从而促进创新活动。

六是未来瞭望塔(The Future Outlook Tower)：如同真正的未来瞭望塔一样，我们可以建立组织观察塔，以便对未来知识城市的发展趋势进行分析研究，为制订战略发展计划提供依据。如美国纽约城市未来中心，就是一个致力于城市整体健康水平和服务长期利益的公共政策机构。

这里需要特别提醒的是，为了成为真正的创新机器，组织观察塔必须与城市居民紧密连在一起，以便步入典型的“象牙塔”(ivory tower)。

七是大学(The University)：事实证明，各种大学有助于培育不同的创造力，特别是好的大学对于一个城市的创新有着不可替代的作用，如位于硅谷的斯坦福大学、加州大学柏克利分校对硅谷的成长就起到了原动力和催化剂的作用。同时，在知识城市建设的战略中，地方大学同样发挥着辅助作用。但必须看到，光靠大学的研究是远远不够的，还必须建立起大学与城市主人，如儿童、教师、商人、艺术家、实业家等多平面的(multi-faceted)关系，将大学由学习研究中心转变为一个创新机器。

八是资本市场(The capital Market Place)：在创新的模型中，

将想法转化为有价值的行为和手段，“开发”(exploitation)则是创新的关键元素。为了便于大规模的开发，就需要大量的资金投入。因此，城市中的股票交易、银行、风险资本和其他资本机构都可以成为创新的机器。但这些驱动创新机构的潜力不应该忽视，它取决于城市主人精明的、负责的和创新的态度。

九是知识密集的工业区和科技园区(Knowledge Intensive Industrial District and Science Parks)：知识密集的工业区和科技园区作为城市、地区和国家创新机器的重要性，必须引起城市决策者们的高度重视。在大多数“知识城市”的战略规划中，工业区和科技园区的作用都得到认同，如荷兰的格郎宁根市(Groningon)，400年来就一直是欧洲的“知识城市”和荷兰的知识中心，因为它拥有格郎宁根大学。而泽尼克科技园区(Zernike)成了格郎宁根大学创新的园地和发展的驱动力。

又如被誉为“亚洲硅谷”的印度城市班加罗尔，这里就是一个知识高度密集的地区，IT 和通信两个领域蓬勃发展的创新技术和产品，促使城市异常繁荣。在这个创新游戏中，政府、国际大公司、教育、研究院和技术劳动力市场建立起了紧密的联系。

十是数字基础设施(The Digital Infrastructure)：数字基础设施包括：人均拥有的计算机数量；人口使用因特网的比例；幼儿园 IT 教育的强度和从事通信业人员的人数等。研究人员和政策制定者都相信，IT 业的强度是区分发达国家和城市与欠发达国家和城市的重要因素。因此，先进的 IT 基础设施通常被视为是衡量创新型城市的关键指标之一。

十一是车库(The Garage):提出车库用作城市创新机器的主要原因是20世纪70年代,美国硅谷的Steve Jobs和Wozniak在自己的车库发明了“苹果I”电脑。这个故事说明,在当今时代,微型企业在创造和维系创新中发挥着越来越重要的作用。

除此之外,还有许多其他构成“城市创新引擎”的元素,如包括市民、商人、政策制定者、教育工作者等在内的全体城市主人的素质等。①

(六)中关村创新人才生态建设的主要做法

2011年以来,中关村全力落实特殊政策、构建特殊机制、打造特殊平台、引进特需人才,加快打造“人才智力高度密集、体制机制真正创新、科技创新高度活跃、新兴产业高速发展”的国家级人才管理改革试验区。一是着力打造未来科技城和中关村科学城两大“发展极”,通过加强产学研用综合平台建设,吸引一大批前沿科技成果落地,打造智力聚集地。二是以体制机制促大众创业万众创新。在体制建设方面,抓住中关村国家自主创新示范区建设契机,依托“中关村创新平台”,建立部市合作,统筹推进中关村人才工作。在机制创新方面,在中央支持下,中关村人才特区实行了“重

① Ron Dvir, Innovation Engines for Knowledge Cities: An Innovation Ecology Perspective, Journal of Knowledge Management 8(5): 16 - 27 Oct. 2004.

大项目布局”“科技经费使用”“股权激励”等13项特殊政策，积极探索了人才发现、激励、使用、服务的有效措施。根据实际发展需要，中关村先后出台了科技成果处置权和收益权等“1+6”先行先试政策，争取中央支持出台技术转让企业所得税试点等“新四条”政策，在市级层面制定实施了“京校十条”“京科九条”等，大力推动科研创业、产业发展、财税金融、管理服务改革创新，以产业联盟、标准联盟为纽带鼓励人才协同创新，通过实行股权和分红激励、政府股权投资、示范应用工程等鼓励各类人才创新创业，构建了较为先进的人才政策网络体系。近期，中关村拟出台《关于深化中关村人才管理改革的若干措施》，对简化外籍高层次人才永久居留证办理程序、简化外籍高层次人才签证及居留办理程序、为外籍人才创业就业提供便利、扩大人力资源服务业对外开放、完善人才评价机制、开发国外高端智力要素、完善新型科研机制、强化人才培养与使用衔接等八方面作出具体规定。三是坚持“高质化目标、市场化方式，法治化思维、社会化参与、国际化发展”，将人才链、产业链和创新创业链紧密结合，努力构建世界创新创业人才战略高地。

中关村，其人才生态有几点：**一是多层次平台载体**。中关村搭建多种平台载体，中央支持建设了生命科学研究所、国家作物分子设计工程技术中心等新型研发机构，通过建立以科学家为本的科研管理体制，强化人才对科研工作的自主权，调动人才转化成果的积极性，激发人才活力，取得了一批国际领先的研究成果。**二是创新创业生态系统**。中关村创业生态系统，包括领军企业、高校院所、多层次合作平台、天使投资和创业金融、社会与科技中介、创新文化等六大要素相互关联、相互支撑，促进创新资源聚合、配置和开发利用，营造良好人才生态环境，促进生态系统跨境延伸。此外，中关村还完善了全链条人才创业扶持机制。根据人才不同特点，将创新创业的人才划分为若干个层次，实施一系列重大人才专项工程，构建覆盖人才成长链条人才政策扶持体系。**三是培育发展具有“大树效应”的创业系**。中关村通过市场力量、鼓励人才在不同企业间流动、支持大企业技术人才出来创业，通过成功开发下游产品后，挂靠到整体框架系统内谋求发展，不断催生培育百度系、联想系、华为系等新的创业系，使得中关村形成“大树效应”，创新人才就在这棵大树不断地产生新的叶子、新的种子，然后新种子在中关村的土壤当中再生根发芽，发展成为参天大树。

四、对策研究：推进全球科技创新中心人才生态建设的策略思考

环境对人才成长与发展十分重要。习近平指出："环境好，则人才聚、事业兴；环境不好，则人才散、事业衰。"人才竞争的背后，实际上是人才环境的竞争。优化创新创业环境，是建设科创中心的基础，是人才创新创造的土壤。有了这种土壤，各类人才尤其是潜在人才就会冒出来、蓬勃生长，科创中心也会有源源不竭的动力和源泉。要着力为各类人才营造良好的环境，包括尊重人才、见贤思齐的社会环境，鼓励创新、宽容失败的工作环境，有利于人才发展的生活环境、法制环境等，更好地推动大众创业、万众创新。

（一）创新主体

1. 进一步明确全球科创中心建设人才需求

整合政府、产业、高校、科研院所等各方力量，开展战略需求分析和关键技术路线图制定，开展战略性新兴产业人才需求预测，完善各类人才信息库，构建产业人才信息发布平台。加强人才统筹规划和分类指导，组织实施战略性新兴产业人才开发计划，加大专业技术人才、经营管理人才和技能人才引进力度。

2. 抓好人才引进

在创新主体的集聚上，突出“三家联动”，即科学家、企业家、投资家的科技创新、模式创新、转化创新联动，重点引进科学家、企业家、投资家，充分发挥身在一线的研发人员作为科技创新的探路者、先行者的作用；充分发挥企业家、创业者（特别是“连续创业者”和“再创业者”）发现、捕捉商机、创新创业的作用；充分让投资者（包括股权投资、风险投资、天使资金）探索产业发展方向，并和各种专业服务人员一道围绕在创新创业人才周围，使上海成为“三家”最集聚之地。在开发重点上，突出“三力联动”，就是突出人才整体竞争力、“高大洋”人才（高层次、大中型、外资企业人才）影响力、“小青新”人才（中小企业、青年人才、新兴业态人才）发展潜力。在发展策略上，突出上“三队联动”，就是大设施大平台的创新国家队、跨国研发中心和研发总部的国际队、民营企业研究院和研发中心的本土队，积极推动三支队伍协同创新，共同构造科技创新示范区。在人才引进上，抓住建设全球科技创新中心建设契机，争取市级部门进一步细化明确创业类、风险投资类、技术职员类（务工型）和学术创新类等重点引进人才在居住证积分、居转户、户籍直接引进的标准，建立专家、学者、企业代表、创新创业服务机构、创业投资机构构成的遴选委员会，参与对政府人才计划、职称评审等评价和人才遴选，加快政策执行力度，建立起更大范围和更深层面有利于各类人才发展的"绿色通道"。

3. 抓好人才培养

围绕重点产业和战略性新兴产业发展需求，引导教育资源和企业资金投入，加快推动企业科技创新创业人才培养，有效提升企业先进技术发展和技术创新开发能力。**第一，加大企业科技创新人才培养资助力度**。聚焦战略性新兴产业、未来产业、涉及民生改善的科技领域技，对从事新产品、新技术、新工艺研发的企业科技人才予以资助，鼓励科技创新人才重点领域、优先主题、重大专项，开展研究与试验开发、关键技术攻关、产业化。**第二，加大企业家和职业经理人培养力度**。重点聚焦好选拔一批新能源、新材料、生物技术和新医药、节能环保、软件和服务外包、物联网等战略性新兴产业领域以及高新技术企业、创新型企业等企业主要负责人和职业经理人，引入相关课程，加快发展思想库、论坛机制发展，积极鼓励公司大学、产学研联盟的发展，开拓企业经营管理、资本运作、自主创新等知识能力的战略企业家。**第三，建立以成功创业人才、风投基金、专家学者组成的创新创业人才遴选委员会，探索由第三方专业机构开展人才社会化评审机制**。

4. 支持创业人才发展

一是科技人员创业。支持拥有自主知识产权或掌握核心技术，具有自主创业经验，熟悉相关产业领域的高层次人才、中青年成长型人才带创新成果在职或离岗创业，对带成果留职创业的高校、院所的教师、研究人员给予楼宇（产业园区）租金补贴。对符合产业导向、具有良好发展前景的，向社会投资机构推荐予以投资。**二是大力扶持青年人才创业**。青年人是大众创业最具活力的重要力量。要鼓励大学生创业，制定实施高校大学生创业办法，完善创业休学制度，鼓励学生在校创业、休学创业，将创业时间计入实践教育学分。实施青年大学生创业引领计划，积极落实小额贷款担保、贷款贴息、创业房租补贴、股权众筹融资、创业支持基金、创业培训见习、创业服务平台建设、税费减免等鼓励创业政策措施。

（二）创新资源

转变政府职能，加强对人才创新创业服务，以服务创新、模式创新保障人才创新创业，鼓励社会组织为创新活动提供市场化的专业服务，形成主体多元、形式多样、内容丰富的创新创业生态。

1. 加快推进世界一流大学建设进程

一是参照韩国“世界一流大学计划”，抓紧推出“上海版世界一流大学计划”，推进国际研究项目合作，建立全球研究联盟，吸引国外顶尖大学、专业机构来沪办学，加快建设一流师资、一流专业、一流课程建设进程，不断提升现代大学和科研机构建设水平。二是设立面向海外的专门教席或科研资助项目，吸引在国际学术领域中具有影响力的学术人才，强化国际学术网络联系，提升高等教育和科研机构的国际化水平。三是加快博士后国际化培养进程，设立专门资助项目，吸引在国际上能力卓越、对本领域研究具有创造力的优秀博士后研究人员进行独立研究。四是积极推动创新集群建设，争取国家有关部委在沪设立、共建国家重点实验室，积极发展混合研究模式，改善大学和企业间的研究合作方式；探索打通高校、科研院所科技人员创业通道，鼓励和支持科研院所、高等院校等科技人员离岗或兼职方式开展科技创业。

2. 建立以产业链为基础的创新链

产业的背后是人才，产业优势实质上是人才优势。要走以产业集聚人才、以人才引领产业发展之路，聚焦重点产业和特色产业引才聚才用才，通过高层次人才带动地区特色产业发展，提升经济发展水平。

一要培育优势产业。突出“高精尖缺”导向，对标重点产业发展需求，面向全球更大规模招揽创新创业领军人才，提高引才匹配性、精准度。重点围绕总部经济、国际商贸、国际会展、并购金融、服务外包、文化服务贸易、跨境电子商务等开放型经济领域，引进高层次人才，为长远发展提供不竭动力。重点吸引电子商务、大宗物资贸易、国际贸易、新兴商贸集成等领域的商贸业经营管理人才、营销人才和专业技术人才；大力集聚电子信息制造业、软件信息服务业、新材料产业、生物医药产业、节能环保产业、智能技术产业、先进装备制造业等科技产业领域创新创业人才；加大金融服务、信息服务、法律会计服务、商办楼宇经营与管理服务等专业服务业人才开发力度，大力引进具有世界500强企业工作经历、能力和业绩突出的专业人才。

二要培养创新“引擎”企业。进一步完善促进企业创新发展的激励措施，积极培育和集聚各类优秀科技创新企业，鼓励企业做大做强。在医疗健康、智能制造、新能源和船舶与海洋工程等重点领域，推动民资与国资组建“航母型”大企业，培育标杆性企业。在“双创”建设中，要着力推动本市龙头企业参与创新创业活动，打造大企业牵头、供应链上各类企业协同研发的产业创新生态，实现优势互补、强强联合，形成功能总部和龙头企业集聚、配套完善的创新集群。

三是培育快增长的中小企业。把优化中小企业发展环境，支持“科技小巨人”企业、“专精特新”中小企业发展作为科技创新中心建设的重要途径。任何“引擎”企业都是由新创企业和中小企业成长起来的。因此，必须发挥培育和扶持科技型中小企业的传统的优势，改变只注重招商引资、不注重培育本土企业的发展模式。

进一步优化面向中小企业发展的公共服务平台，提高中小企业的技术研发能力和创新管理水平。加大商事主体管理改革力度，提供一视同仁、机会均等的制度供给，在中小企业开办、用工、歇业等方面，给予中小企业与国有企业、外资企业完全一致的产业准入、贷款融资等条件。

四是建立产业集群。抓住高端产业和全球价值链高端环节，努力打造以产业内龙头企业为核心，以政府为依托，联系中小企业、中介服务机构、大学与院所等广泛参与的优势产业集群，形成基于共同标准和制度的产业共同体，推进技术联盟、产业化联盟、市场联盟等多种形式的产业联盟建设，实现从企业内部创新走向外部联合创新。整合政府、产业、高校、科研院所等各方力量，积极发展产业集群，支持建立国家重点实验室、工程中心、行业、龙头企业、高校、院所、社区学院、职业教育机构、产业联盟设立“战略性新兴产业”创新网络，打造开放式科研创新平台，配备全职研究员、工程师、推动技术商业化的创新推动者、驻校行业技术人员、兼职教师、博士后和实习生，探索政产学研新型管理机制，开展政产学研用协同创新，推进关键核心技术攻关，加快成果转化。完善大数据、云计算、互联网为依托的平台服务产业，开展战略需求分析和关键技术路线图制定，开展新兴产业人才需求预测，引领创新驱动、跨界运营、产业融合、人才发展的发展新趋势。要深化区校合作，支持在区内探索新型研发组织，支持民办非企业法人的技术研究院和新型智库的部分公共服务运作经费，支持科研平台和行业领军企业共建产业研究院，支持跨国研发中心发挥创新运营中心功能。支持跨国公司设立研发中心、结算中心等功能性机构。协助企业开拓国际化发展渠道，支持企业发起成立国际性行业协会、产业联盟。

3. 聚焦众创空间，打造平台孵化人才

一是强化众创空间建设。众创空间是具有孵化功能的新型创新服务平台，是在科技创业孵化器发展基础上，通过新模式、新机制、新服务、新文化融合发展，涌现出来的低成本、便利化、全要素的创业服务社区，集聚各种创新创业要素，为大众创业、万众创新提供了良好的工作空间、网络空间、社交空间和资源共享空间。从人才队伍建设来说，众创空间是潜在人才发展的摇篮；从促进创新来说，众创空间是创新与创业有机结合的有效载体和重要枢纽；从创新社会氛围的形成来说，众创空间是大众创新创业的实现方式和重要表现形式。加快推进众创空间建设，是培育优化创新生态系统的关键要素。认真学习贯彻国务院办公厅日前下发的《关于发展众创空间推进大众创新创业的指导意见》（国办发〔2015〕9号），高度重视众创空间建设，着力形成要素齐全、功能完善、合作开放、专业高效、分为活跃的创业服务体系，使城市创业生态系统明显优化，创新创业文化氛围更加浓厚，成为国内外创意人才、创业资本、创业企业的重要集聚地，使上海成为我国创业“养分”最充沛的区域。第一，加强对众创空间专项性、靶向性政策的研究和制定，鼓励众创空间“基金＋基地”运营模式，重点对于科研院校、行业领军企业创办众创空间、大型活动效果以及服务质量、服务成效

等方面提供更为精准的政策支持。第二，推进事业单位孵化器改造，鼓励国有孵化器引入专业团队管理运营。发挥政策集成和协同效应，实现创新与创业相结合、线上与线下相结合、孵化与投资相结合，为广大创新创业者提供良好的工作空间、网络空间、社交空间和资源共享空间。

二是夯实人才创新创业载体。着力吸引国内外知名企业研发机构、国家重大科技平台、上下游配套企业等，形成以智能产业为核心的新兴产业集群，以集群优势带动众创空间专业化、全要素、开放式发展。积极推进科技中介市场化发展进程，建立健全技术转移中心、技术交易机构、生产力促进中心、中小企业发展中心等为主的技术市场发展创新服务体系，实现组织网络化、手段现代化、功能综合化、服务社会化。进一步拓展科技创新服务券使用功能，实现降低科技企业运营成本和促进区域内科技服务业企业发展两个目标，通过建立“企业服务企业”机制，用市场化的方式放大政府公共财政资金的投入效应。抓住国家深化财政科技计划管理改革的契机，积极采取风险补偿、创投引导等方式，发挥财政资金的杠杆作用，通过市场机制，引导社会资本和金融资本支持人才创新创业。创新人才金融产品，推进资金链与人才链深度融合。完善知识产权服务，完善知识产权保护制度。进一步提升人才服务平台，建立服务人才创新创业的枢纽型工作平台，提供个性化的人事服务，降低中小企业创业成本。

三是完善创新创业服务。完善的创业服务是提高创业便利度和创业成功率的重要支撑。加快发展研究开发、技术转移、检验检测认证、创业孵化、知识产权、科技咨询、科技金融、科学技术普及等专业科技服务和综合科技服务行业。配合国家有关部委，研究落实将科技服务类企业纳入高新技术企业认定范围；研究落实科技服务费用税前加计扣除范围；在技术转移服务领域推进科技创新券。针对人才服务信息散落在各个部门、呈碎片化的问题，新建"一站式、全流程、专业化"人才发展政策和生活服务信息综合门户网站，建立市场化机构运营、政府机构监管的运作模式，提供便捷高效、精准细致的综合服务。要落实集中登记、一址多照等商事制度改革，采取一站式窗口、网上申报、三证合一等措施，为创业企业市场准入提供便利。进一步深化创业导师和创业学院建设，开展创业服务品牌活动。调整财政投入方式，加强对众创空间基础设施建设、项目和企业的资助，加大政府购买创新创业服务的力度。完善创业辅导服务体系建设，支持具有创业经验和社会责任感的企业家、投资人等作为科技创业导师，为创业者和初创企业开展一对一指导、创业培训、企业诊断、市场开拓、企业咨询、导师沙龙等形式多样的创业辅导和创业咨询，提高科技创业成功率。积极开展创新创业活动，举办创客大赛，为具有创客精神国际创客青年打造展示平台。

4. 建立重点人才发展平台

一是创建产业创新学院。参照美国奥巴马政府提出的制造业创新学院模式（IMIs），创建产业创新学院，汇聚高校、科研院所、企业、政府，投资并促进尖端制造技术的发展，为新技术、新发明、新工艺和人才教育培训提供基础。二是积极扶持产业技术研究院。参照台湾“工研院”模式，加大扶持产业技术研究院的力度，集中力量积极扶持高附加值工程，加快基础研究成果向应用领域转化，把技术研究院建设成为创新创业人才的基地。三是建立并完善一批共性技术服务平台，创新人才提供共性技术、工具软件、分析测试仪器设备、科技情报等资源共享平台，促进科技成果转化。四是建设知识产权服务平台。实施标准和专利战略，加强国家知识产权、标准化试点示范园区建设。引导各类创新主体研究制定国家和国际标准，鼓励国内企业与跨国公司的合作。支持企业申请国内外专利及进行版权登记，支持重点大企业形成专利群。吸引国际知名高校技术转移办公室（TTO）、国际技术转移促进和服务机构在沪设立分支机构，为知识、技术转移创造条件。

（三）创 新 机 制

1. 探索放权、松绑的人才使用机制

一是进一步向用人单位放权，释放市场活力和发挥用人主体积极性。聚焦等人才招聘、评价、流动等环节加大清理力度，明确政府部门边界，建立权力清单和责任清单，清理和规范的行政审批和收费事项，最大限度减少政府对企业活动的干预，探索完全取消审批、审批改为备案、实行告知承诺制、提高透明度和可预期性、强化准入监管等改革，完善事中事后监管方案，真正做到简政放权、

放管结合、优化服务、创造环境，进一步激发释放市场活力。赋予高校、科研院所科技成果使用、处置和收益自主权，除事关国防、国家安全、国家利益、重大社会公共利益外，行政主管部门不再审批或备案。

二是探索为各类人才“松绑”的制度创新。加快建立事业单位法人治理结构，推动事业单位编制使用方式改革，探索实施事业单位编制使用备案制管理，探索事业单位岗位设置、分类管理、考核评价、绩效工资分配、合理流动等管理权下放。参照杭州做法，制定高层次人才事业编制保障实施办法，探索事业单位引进高层次人才时，不受事业单位岗位总量、最高等级和结构比例的限制。建立事业单位岗位管理模式和动态调整机制，完善事业单位绩效工资制度，探索高层次人才机动编制管理、协议工资制等分配办法。对国有企事业单位科研人员和领导人员因公出国（境）实施分类管理，市属国有企事业单位技术和管理人员参加国际合作交流活动，不受因公出国（境）的批次、时限等限制。推行有利于人才创新的经费审计方式。探索建立新型研发机构，在科研运行保障、经费筹措使用、绩效评价、成果转化、收益处置等方面大胆尝试。

2. 完善人才创新创业激励政策

一是进一步落实科研人员双向流动创新制度。鼓励高校、院所、市级以上学会的专家、教师、研究人员到企业挂职兼职兼薪，为企业提供技术攻关、科技咨询、产学研研究、科技成果转化等科技创新服务。支持企业以横向课题研究、联合攻关等形式柔性引进高校、院所的教师、研究人员和智力，鼓励企业新引进博士后研发人员，对柔性引进的给予资助奖励。

二是加大创新人才激励力度。允许人才科技成果通过协议定价、在技术市场挂牌交易、拍卖等方式转让转化。完善科研人员收入分配政策，依法赋予创新领军人才更大人财物支配权、技术路线决定权，实行以增加知识价值为导向的激励机制。完善市场评价要素贡献并按贡献分配的机制。研究制定国有企事业单位人才股权期权激励政策。探索高校、科研院所担任领导职务科技人才获得现金与股权激励管理办法。探索股权奖励所得税，获奖励者在未取得股权分红或股权未发生转让前，不缴纳个人所得税，在实际取得相关收益后再行纳税。从制度上明确无形资产协议定价的实际可操作性。

3. 加大人才培养力度

一是进一步加大人才培养资助力度。把握人才成长规律，在系统梳理各部门设立的各项财政性人才培养资助计划，加大全市人才培养资助计划调整完善力度基础上，进一步加大财政对人才培养资助力度，缩短深圳、广州等创新城市差距。进一步明确人才培养项目（计划）功能定位、培养目标、培养类型、培养周期、申请标准、资助标准，形成面向全市各类人才、覆盖人才不同发展阶段、统筹协调、衔接配套的培养体系。全球影响力的科技创新中心要求，鼓励增设人才培养项目，加大企业科技人才、专利工程师、企业家人才、职业经理人才、创新创业服务人才、连续创业者等培养力度。

二是引导企事业单位加大人才培养投入。围绕重点产业和战略性新兴产业发展需求，运用政策引导教育资源和企业资金投入，加快推动企业科技创新创业人才培养，有效提升企业先进技术发展和技术创新开发能力。

(四) 创 新 文 化

1. 重视创新文化的作用

近年来，文化的经济功能正在逐步被认同、发现和推动。1998年世界银行发布的《文化与持续发展：行动主题》报告提出“文化为当地发展提供新的经济机会，并能加强社会资本和社会凝聚力”。美国学者R·佛罗里达则指出，创新城市需要三个“T”，即技术（technology）、人才（talent）和宽容（tolerance），一定的环境、文化多样性会通过人才集聚、高新技术园区对一个地区的GDP产生影响。从全球视角来看，全球城市或者国际大都市不仅仅是全球经济的中心，各类资本、信息、人才的汇聚之所，往往也是思想、文化的中心。纽约、伦敦不仅是全球金融中心，而且是全球文化中心。几乎每天都有世界级的歌剧、经典或现代音乐会、音乐剧、比赛、展览等，为创新创业发展提供从繁重工作和压力中释放的空间，满意于多样的休闲时光。新加坡、中国香港地区也纷纷提出文艺复兴城市计划、创智计划等，加大文化投入，积极举办文化活动，发展文化产业，重视城市文化内涵建设。

萨克森宁在《地区优势——硅谷和128公路地区的文化与竞争》中也指出，文化的作用在硅谷优势的构建中不可小觑。他有力地论述了，相对于美国东部波士顿地区的128号公路周围而言，硅谷之所以后来居上而成为世界知识经济发动机的根本原因在于文化差异：硅谷文化的主要特点是平民化、组织扁平化、经验交流、知识共享、拥抱变革、挑战传统；而128号公路地区的文化则是相互封闭、讲究个人身份和家庭背景，相对比较保守，因此尽管有更多的世界一流大学，尽管政府的支持也相对更多，但是最终还是被硅谷所超越。他还指出，遍布全球的产业创新区、高技术园区都在模仿硅谷，但是文化却很难移植。

斯坦福大学李钟文等人在《硅谷优势：创新与创业精神的栖息地》一书中，强调了创新和创业精神的问题，认为"硅谷不是计划造出来的，发展高科技，资金固然重要，但更重要的是能充分发挥人的创造力的体制和文化，歧视企业家和创业精神的经济不会有活力"，正是别具一格的创新文化、创新精神将硅谷打造为创新的"栖息地"。

美国硅谷成功的奥秘是因为硅谷有一个良好文化生态系统的观点获得多数专家学者的同意。艾伦·韦伯在《新经济新的是什么?》一文中说："最终，新经济的版图并不在科技里，亦不在芯片或全球电信网络中，而是在人的思想疆界中。"硅谷成功的诀窍不在硅片中，不是快速芯片，不是"奇妙的电脑游戏"，也不是供查找数据使用的技术深奥的软件，而是在那个定义模糊然而却是极为重要的因素——文化里面。美国马里兰大学教授钱颖一也指出，硅谷的环境和硅谷的文化造成了技术创新和创业的新天地，“只有一种宽松的创业体制，非常分散的决策过程才能创造出硅谷这样的奇迹。发展高科技，资金固然重要，但更重要的是要有一种能充分发挥人的创造力的体制和文化”。

面对未来发展，面对全球科技创新中心建设，面对创新生态发展的新要求，要求我们充分认识多元融合创新创业文化建设对于创新创业生态建设全球科技创新中心建设、建设国际大都市的重要意义，站在大格局中，从塑造文化的影响力和吸引力的角度，建构文化发展特别是创新创业文化战略，加快文化体制机制改革创新，培育创新创业文化氛围，为城市的发展、为创新中心建设、为创新创业者提供精神动力、智力支持、思想保证和文化内涵，为创新创业发展增添磁吸力。

2. 倡导创新创业文化精神

从美国硅谷、纽约等创新城市的发展经验来看，都有宽容失败、崇尚冒险、激励草根精神的创新创业文化氛围。要培育创新创业的精神内涵，培育人们敢于、善于风险最终战胜风险的精神，培育改变世界、追逐梦想、创造价值的使命感和事业心，培育不怕困难、从头再来的坚韧性格，培育勇立潮头、引领风气的气魄，培育鼓励创新、宽容失败的社会氛围。要营造开放的文化，培育全球思维、世界眼光，培育开明睿智、大气谦和、海纳百川、追求卓越的城市性格，加强与世界著名文化机构的交流与合作，引进、创办、参与大型国际文化活动，促进新知识、新思想的产生和融合。

要营造包容的文化，大力弘扬科学精神、创新精神、创业精神，在全社会进一步形成鼓励创新、宽容失败、敢于冒险的价值观和尊重创造、崇尚科学、崇尚科学家、崇尚科技创新的社会氛围。要大力开展科学普及活动，办好一批有影响的科普类网站，期刊、广播电视科技类节目，实施提升公民科学素养行动计划。利用上海科技水平较高、科技人才较多、科技载体较为丰富的优势，通过多种有效途径，增强全社会的科学素养，深层次激发社会创新动力。

3. 积极提升文化创造能力

一是鼓励文化创作、创新、创意，提高文化原创能力。文化影响力的核心源于不断地推出新的作品、新的内容、新的创意来引起人们的关注，满足人们的需求，引起人们的思考。因此，要正确把握文化产品创作生产规律，激发文化原创力，推出更多精品力作，用内涵丰富的城市文化影响和呼唤、激发创新创业激情，推广中国文化与海派文化，构建丰富、多元、相融的文化氛围。

二是完善文化基础设施。健全功能性文化设施，建设世界一流的文化艺术设施，积极盘活既有或原有文化设施，集聚各类文化要素，为文化发展繁荣打造平台，为创新创业者创造文化空间。同时，要积极发展支撑创新突发奇思的过程（Innovation Brainstorming Sessions）的咖啡屋。

三是积极开展文化活动。重大节事（The Big Event）为各国、各地区的参与者提供了分享科技文化成果的机会，也可以引起国家多样性文化的传播和创新活动的开展，因此，要积极开展城市的重大事件包括国际性、区域性和地方性有较大影响和知名度的活动，如运动会、博览会、高峰论坛、洽谈会、文化科技节庆等，为人们提供一个新的和富有创造性的空间，提供思考、交流以及满足好奇心和需求的机会。

4. 打造新型创新创业园区

一要加快科技园区规划调整，完善科技园区空间布局、提升科技园区功能，适应科技园区转型升级的需要。二要运用创新手段，完善有利于创新创业的基础设施，加大研发、资本、市场、专业服务等支持条件的建设力度，融入文化要素，为激发创造活力、提升创新能力，构建新一代科技园区发展奠定基础。三要基于知识生态理念，抓紧构建网络创新模式，鼓励多元主体的广泛合作，支持跨领域、跨机构、跨行业、跨区域等多重社会组织网络的形成和发展，激励和促进各类创新实践。四要健全文化、商务、现代生活居住、公共交通、医疗、学校、生态休闲场所等配套设施，为科技创新人才提供舒适便利的工作环境以及生态宜居的生活环境。

5. 培养多元融合的文化氛围

积极塑造国际大都市形象，营造海纳百川、争先创优的城市文化，不断提升上海城市软实力。要积极推广中国文化与海派文化，逐步增加合乎海外人士习惯的、方便海外人士交流的语言、媒体和标识，构建丰富、多元、相融的文化氛围。探索开放国家允许的境外电视频道，政府网站、报纸杂志、广播电视等媒体逐步增加英语、日语、法语、拉丁语等国际主要语种的服务。

(五) 创新环境

环境好，则人才聚、事业兴。人才竞争归根结底是综合生态环境的竞争。要更好地发挥政府作用与发挥市场决定性作用相结合，提高政府人才管理服务水平，突出用人单位主体地位，大力推进人才服务业发展，积极培育人才类社会组织，加大政府购买服务力度，提升人才服务社会化水平。

1. 优化人才生活保障环境

生活环境是吸引集聚人才的重要方面。人才在上海生活舒适便捷，才能安心留在这里创新创业。要从住房、医疗及教育等方面优化人才生活环境，努力解决人才的后顾之忧。

一是着力降低居住成本，优化现有人才住房配套政策。目前上海房价居高不下，为创新创业人才构建宜居宜业的生活环境的前提就是切实有效地降低居住成本，首先满足他们“居”的需求。上海针对“千人计划”的人才住房保障有明确的政策设计。即愿意购房的，可参照本市居民购房政策，购买自用商品房一套，单位可给予资金资助。未买自用房的，单位提供一套一定建筑面积的住房供其使用。自己租房的，由单位为其提供租房补贴。对于其他层次创新创业人才，上海应该同样进行相关住房保障的政策设计，并对现有政策进一步细化和优化，使其更具可操作性。同时，在降低居住成本方面可适当借鉴新加坡模式，通过政府规划建设和政府购买等多种途径，在各区、县适当的位置形成一批政府公共租赁房，以低于市场的价格租赁给年轻的创新创业者。同时，在房地产租赁市场治理方面，增加相关政策供给。借鉴国外经验，通过立法方式，进一步规范房屋租赁市场，依法治理房产租赁市场中随意涨价、随意终止租赁合同等问题。

二是建设更完善的城市基础设施，提升城市出行便捷性和低碳化。应对特大型城市固有的交通拥堵顽症，上海应该进一步落实“公交先行”理念，积极发展以轨道交通为主的公共交通，切实降低城市通勤耗时。通过运用大数据技术，进一步优化现有的轨交网络和公交车专用道设置，例如针对轨道交通人流的峰谷区间设计更为合理的车次间隔等。此外，在优先发展城市公共交通系统的同时，在道路规划中适当考虑增设自行车骑行车道，为骑行出行提供必要的设施保障。骑行出行是低碳出行、绿色出行的主要方式，政府在城市规划中应当为骑行者设置必要的路权。

三是积极改善城市居住环境，加强城市环境治理。上海虽然具有沿海城市的天然环境优势，但是雾霾等环境问题依然影响了宜居宜业环境的打造。上海应该出台相应的节能减排城市条例，运用法律、行政和经济等综合手段治理就针对雾霾等大气污染和水污染等问题，打击和惩罚肆意破坏资源、污染环境的行为，鼓励全市居民积极开展节水、节电、节油等节能行动。同时，上海应该积极引进先进垃圾分类处理技术、探索建立适合上海实际的垃圾分类体系和垃圾分类处理系统，促进废弃物分解，使垃圾能够尽可能变废为宝，推动循环经济的发展。

同时，在城市规划中，着力建设适合生活需求的商业购物中心、星级酒店、餐厅、咖啡馆、图书馆、学校、医院、影院和生活超市等配套设施，尤其是在科技创新创业人才聚集的郊区、高新技术园区，更要注重园区和生活配套的同步规划和建设，使上海真正成为适宜各类人才创新创业、生活工作的世界著名城市之一。

四是优化创新创业人才医疗环境。加大公共卫生和医疗服务体系建设力度，提升医疗服务水平，优化创新创业人才的医疗保障。在基本医疗保险制度的基础上，上海探索建立适用于引进人才的补充医疗保险，鼓励和支持单位为各类人才建立补充医疗保险。积极发展高端医疗服务，探索设立引进人才定点医院，发放就医凭证；探索引进优质的外资医疗服务机构落户上海；探索开放民间资本投资建造高端健康保健机构，为各级各类创新创业人才提供健康保健服务。

五是打造智慧城市，提升城市生活便捷性。上海应该进一步推进智慧城市进程，充分运用物联网、云计算等先进信息技术手段，全面感测、分析、整合城市运行中的各项关键信息，通过搭建智能化公共服务平台，提供智能化的服务，使城市的治理和服务更有效，为城市工商业活动和市民提供人与社会、人与人、人与物和谐共处的环境。

2. 营造有利于创新的文化和法治环境

文化和法治是创新环境的重要支撑因素。文化是诱发新思想、新知识的内在力量，法治是维护创新动力和人才价值的重要保障。要积极营造开放、包容的文化和健全、完善的法治环境，让人才近悦远来、安心放心。

一要优化人才发展法治保障。研究促进创新人才发展的地方立法，依法维护科研人员创新创业合法权益。要对创新实行免责兜底，科研单位创新成果转换结果不纳入考核指标，一旦成果转化失败，不视为国有资产流失。对涉及科研人员创新创业的案件，执纪执法机关要按照有关法律法规的要求，坚持宽严相济、区别对待。要探索建立检察、公安、法院、审计与发改委、财政、科技、教育、人社、国资等部门联席会议制度，形成执纪执法工作协作机制，及时研究解决创新创业人才权益保障面临的新情况新问题。二要完善本市荣誉制度，探索形成像"福布斯 30 位 30 岁以下创业者榜单"这样市场化、有影响力的荣誉制度，探索实施委托社会机构开展上海杰出人才遴选工作，大力表彰在本市创新创业的杰出人才。

3. 凝聚工作合力，协同推进服务人才

人才发展是大事，做好人才工作，需要多方参与、全体发力，充分调动社会力量，形成强有力的协同推进之势。要建立部门协同、集成支持的工作机制。党管人才牵好头，充分发挥党的思想政治优势、组织优势和密切联系群众优势，加强党对人才工作统一领导，做好人才发展宏观谋划和顶层设计。组织部门要牵头抓总，坚持有所为有所不为，在宏观上做加法、微观上做减法，统筹抓好政策落实、工程推进和活动组织。行业部门要跟得上，强化行业主管

部门抓人才工作职责，逐步将行业人才队伍建设列入职能部门“三定”方案，推动建立专门工作机构，落实抓人才目标责任制。按照未来发展布局，形成各类行业人才协调发展规划体系。要支持发展人才服务社会组织，鼓励发展专业性、行业性人才市场。充分发挥企业、高校、科研院所、社会组织、个人等方面积极性，形成全社会有序参与人才资源开发的整体合力。

（六）创新网络

坚持市、区、街镇三级联动的基本方法。鼓励各区县、产业园区盘活存量资源，支持对闲置的工业厂房、仓储用房等存量房产，在不改变建筑结构、不影响建筑安全的前提下，改建为孵化器等众创空间；加强对区县、街镇考核，把大力支持发展众创空间作为地区结构调整、经济转型的重要载体，拿出当年招商引资的劲头，加快建设若干低成本、便利化、全要素、开放式的众创空间，通过集聚创新资源和服务，促进草根人才创新创业，营造良好的创业生态环境。

附录："全球科技创新中心人才生态建设"研讨观点综述

2015年12月，上海社会科学院政治与公共管理研究所、人力资源研究中心共同主办了"全球科技创新中心人才生态建设"研讨会。来自全国高校、科研院所、政府研究机构的人才、创新研究领域知名专家围绕全球科技创新中心人才生态建设问题展开讨论，上海市人才办、解放日报理论部有关领导，以及上海社会科学院相关研究人员、研究生参加研讨。

研讨会上，中国人事科学研究院原院长王通讯研究员、上海市公共行政与人力资源研究所名誉所长沈荣华研究员、上海社会科学院副院长王振研究员、武汉工程大学原副校长桂昭明教授、海河大学人力资源研究中心主任赵永乐教授、中国人事科学研究院孙锐研究员、上海浦东新区张江平台经济研究院院长陈炜教授、宁波市人才研究所所长赵全军研究员、上海社会科学院政治与公共管理研究所汪怿研究员，分别就从"自然界生物创新看人才生态建设""科创中心与人才生态——全球科技创新中心生态建设的六个转变""创新人才生态建设的几个瓶颈问题""人才发展生态环境评价指标体系的构建""'普济众生'式的科技创新中心建设""中关村创新创业人才生态建设""创新创业人才生态建设的若干思考：以张江高科技园区人才工作为例""人才软环境建设：优化人才生态环境的关键和突破口""推动全球科技创新中心建设：创新人才生态的视角"展开讨论。

一、人才生态的内涵、特征

（一）人才生态的内涵与构成

王振认为，人才生态系统由生活环境、集群发展、大学科研院所、创业资本和风险投资家、专业服务孵化器、多元融合的创新创业文化等6个元素所构成。

桂昭明教授认为，人才创新创业生态应该包括经济生态、生活生态、自然生态、科技生态、教育生态、信息化生态、市场化生态、社会服务生态、政策和制度生态等9个方面。

（二）人才生态的类型

王通讯研究员认为，自然界存在3种生态：一是热带雨林式生态，物种丰富，温湿度适宜，土壤肥沃；二是珊瑚岛礁式生态，物种之间除了竞争，还有合作，甚至合作超过竞争；三是湿地生态，每一片湿地都有起到强大的、引领作用的动物。由此观之，人才生态也有热带雨林、珊瑚岛礁、湿地 3 种。硅谷属于热带雨林式生态，珊瑚岛礁生态则要求合作，湿地生态则要求有关键人物。

（三）人才生态的特征

王通讯研究员认为，人才生态应该包括以下 4 个方面：一是系统开放流动，要素与要素之间相互交流、相互流动。二是局域多元互补，一方面科学家、企业家、银行家，风投家，甚至是艺术家、哲学家、诗人多元介入；另一方面，不同职业、民族、国家人才之间相互补充。三是要素制约平衡。一方面避免一股独大；另一方面要不同类型人才之间相互制约，达成动态平衡状态。四是整体优化进化。

二、全球科技创新中心人才生态建设的意义

（一）经济新常态的必然要求

赵全军研究员认为，经济进入新常态之后，对人才建设有了新的要求，要从传统优势产业转型升级为人才经济，核心关键是人才。同时，全国各地都面临着两个“最”的困境，即最需要人才、最稀缺人才。对人才都有迫切的需求，也都面临着非常突出的问题，

这个突出的问题现在归结为生态问题或环境问题。

（二）创新发展的必然要求

桂昭明教授认为，全球创新快速发展，但从数字上来看，中国大陆没有进入创新型国家行列，无缘进入世界经济论坛全球国家（地区）创新排名前30名。尽管目前我国在工程师数量、SCI论文、申请专利量都位居世界第一，但创新成果与产业脱节、高被引用论文排名、整体转化率、产业化水平都没有靠前。这说明，我们在科技创新方面，确实是落后于发达国家，面临形势依然比较严峻。

（三）城市发展的必然要求

陈炜院长认为，一是上海人才最大的核心优势就是人才集聚，跨国公司和国内企业的研发中心之所以设在上海，就是因为上海对创新创业人才有吸引力，集聚了大批人才。二是人才生态建设最大的担心就是用人成本高，社会保障、个人所得税高，用人成本，影响了引人聚才，影响了城市发展。

三、全球科技创新中心人才生态建设的瓶颈问题

（一）观念的问题

王振认为，上海发展的工业化思维惯性比较重，上海经济发展

模式、政策行为还没有脱离工业化发展的思维模式，投资喜欢搞生产线、搞项目、给土地、造房子，还跟不上信息经济、平台经济的发展要求。

（二）机制的问题

陈炜认为，机制不畅是人才生态建设的痛点，从调查的情况来看，一是人才评价机制不畅。评价标准往往是政府来定，没有真正符合企业、市场的需求。二是绿卡办理的问题，办理绿卡有个人所得税要求，一些人才拿的是期权、股权不是薪酬，无法马上形成个人所得税项，造成办理绿卡的困难。三是关于人才户籍引进，不同行业之间薪酬标准不一样，以房地产行业的标准来定入户薪酬水平，生物医药行业的人才可能享受不了。

（三）环境的问题

王振认为，一是大学、科研院所开放问题。国内人才发展中关村模式、深圳模式、杭州模式共同的特征是释放体制内力量，成为发展的增量，创造新的动能、培育新兴产业。但目前，上海在大学、科研院所、国有企业改革创新突破力度还不够，面向市场、对外开放程度还不够，内在活力还不够。二是风险投资先天不足问题。上海的风险投资更像芝加哥而非硅谷，属于“贵族的资金”而非“草根的资金”，高高在上、不愿沉下来帮助草根创业者；同时，风险投资项目的目的不是并购而是上市，不像美国、以色列投资注重并购。这些都阻碍了创新创业人才的发展。三是众创空间的融合问题。美国的孵化器比较注重将实验室和风投机构、投资人联系在一道，运用信息化的方式来配置孵化器。但上海孵化器存在缺少配套的先天性缺陷，产城融合跟不上，咖啡屋、小餐饮等就近居住生活配套跟不上，文化氛围、浪漫情调也跟不上。

四、国内外推进创新人才生态建设的主要做法

（一）硅谷及旧金山湾区域创新创业人才生态

汪怿研究员认为，美国硅谷在内的旧金山湾地区是世界上创新创业最活跃的，而其中最重要的就是生态。这个生态有几个方面，一个是创新主体非常多。第一，有一流的大学和大批的教育机构。包括以斯坦福大学为核心的一大批世界顶尖学校以外，还有一大批社区学院、职业院校支撑。第二，有世界一流的实验室。除了国家和大学的实验室，还有企业实验室。第三，专业服务机构发达。硅谷律师、硅谷会计师，专业人士扮演生态湿地当中的海狸的角色，帮助人才创新创业。二是创新要素和要素之间良好互动机制。第一，有从设立、发展到倒闭、推出完备的法律制度。第二，有三个循环，即创业者到天使投资人的创业循环、创业资金循环和技术循环。三是创

新创业文化。硅谷和湾区鼓励冒险、宽容失败，充满企业家精神。

（二）中关村创新创业人才生态

孙锐研究员支持，中关村人才生态有几点：第一是多层次平台载体。中关村搭建多种平台载体，中央支持建设了生命科学研究所、国家作物分子设计工程技术中心等新型研发机构，通过建立以科学家为本的科研管理体制，强化人才对科研工作的自主权，调动人才转化成果的积极性，激发人才活力，取得了一批国际领先的研究成果。第二是创新创业生态系统。中关村创业生态系统，包括领军企业、高校院所、多层次合作平台、天使投资和创业金融、社会与科技中介、创新文化等6大要素相互关联、相互支撑，促进创新资源聚合、配置和开发利用，营造良好人才生态环境，促进生态系统跨境延伸。此外，中关村还完善全链条人才创业扶持机制。根据人才不同特点，将创新创业的人才划分为若干个层次，实施一系列重大人才专项工程，构建覆盖人才成长链条人才政策扶持体系。第三是培育发展具有“大树效应”的创业系。中关村通过市场力量、鼓励人才在不同企业间流动、支持大企业技术人才出来创业，通过成功开发下游产品后，挂靠到整体框架系统内谋求发展，不断催生培育百度系、联想系、华为系等新的创业系，使得中关村形成“大树效应”，创新人才就在这棵大树不断地产生新的叶子、新的种子，然后新种子在中关村的土壤当中再生根发芽，发展成为参天大树。

五、上海推进全球科技创新中心人才生态建设的对策建议

（一）基本观念

沈荣华研究员认为，推进全球科技创新中心人才生态，要实现"六个生态、六个转变"。一是人才发展生态，从规模向效益转变。举全市之力吸引一批全球最优秀的人才，集中力量培养世界顶尖的科学家，强调人才的质量和效益。二是人才结构生态，从低端化向高端化转变。突出"高精尖缺"人才问题，加大战略科学家、科技领军人才、企业家人才和高技能人才等高端人才培养引进，加快人才结构的战略性调整。三是人才开发生态，从一般技术、制造人才向创新人才转变。提高我国自主创新能力，让更多创新人才脱颖而出。四是人才开放生态，从国内人才向国外人才转变。从"世界走进中国"走向"中国走进世界"，在吸引国外人才的同时，实施更加开放的人才政策、"走出去"问题好好破题。五是人才改革生态，政策推动向自主创新转变。转变政府人才管理职能，改变人才评价机制过分集中、行政主导的问题，要建立有利于人才创新创业的激励机制，要搞活科研体制有利于人才创新、有利于人才成长。六是人才互联网生态，从传统人力资源开发管理向现代人力资源开发与管理转变。

河海大学赵永乐教授认为，从内核的角度，建设人才生态要以

人才为本,以创新为核心,以世界最高标准为标准。从外延的角度,建设人才生态还要学会“普济众生”,不仅要吸引集聚世界一流人才,更重要的是通过人才生态建设,推出全球科技创新中心建设,带动上海进而带动全国科技创新的发展、经济发展方式的转变。坚持引领经济结构的战略性调整,坚持引领科技进步和创新,坚持引领可持续发展,坚持引领和谐社会的建设。

(二)系统构建

汪怿研究员认为,创新人才生态建设过程中,一是要突出创新不是“一类人”而是“一群人”的概念,要突出“企业家”的引领作用,放在更为重要的位置,要发挥科学家、工程师是探路者、先行者的角色,还要发挥专业服务人才、高技能人才的支撑作用,这样形成一种新的生态,新的群体,真正把一个理念转化为具有价值的商业。二是要聚焦“小青新”,即建设创新人才生态要更加关注小微企业、青年人和新兴业态,造就小公司大变革的创新。

孙锐研究员认为,优化创新创业生态系统,要促进创新创业生态要素的有机组织、动态进化、跨域发展。建立开放、多元的科技合作体系,产业跨界融合体系、前沿项目和人才发现体系、产学研协同创新体系、大力培育创投、风投、天使投资、种子基金,形成人才与资本深度契合的支持机制。推动孵化器市场化运行,创新孵化载体培育方式和孵化机构运营模式,完善各类创业服务模式融合发展的生态系统。推进传统研发机构变革创新,完善新型科研机构运作机制。繁荣科技服务和人才服务产业。

（三）制度建设

桂昭明教授认为，制度生态是人才生态建设的核心。建立现代人才治理体系，一是要建立人才管理体制，建立政府权力清单和责任清单的问题，克服行政化、官本位的问题。二是要建立人才支持机制，建立由用户、市场和专家等第三方参与的评价机制，加强高层次人才计划实施的绩效评估。三是要完善人才流动机制，在完善专业性、市场化流动机制基础上，加强在经营性改革方面我们做得是否彻底，这方面我们还有待与进一步加强。四是要完善人才激励机制，建立离岗创业措施，解决科技创业的后顾之忧。五是要探索优秀外籍高科技人才参与非涉密的国家重大科技攻关项目机制，发挥外籍科技人才作用，建立具有国际竞争力的优势。六是要完善人才保障机制，把人才发展成效列为社会经济发展综合评价指标。七是要建立多元化的人才投入机制，设立新兴产业创投引导基金和人才发展基金。

汪怿研究员认为，创新人才生态建设要有一个良好的政府机制，政府应该做3件事情：一是基础设施建设，加大平台载体、人力资本培养。二是政府要比民营企业更多地宽容失败、承担风险。三是政府要更多地设定未来设定，设定发展目标，凝聚社会共识和力量，推进创新发展。

（四）着力点

陈炜院长通过访谈表示，当前企业最关注的依次是人才创新创业激励、人才体制、人才生活配套、人才激励政策,人才的需求集中体现在3个"就是"上,即外国人才需求就是绿卡及与绿卡相关的包括出入境、子女入学;外地的人才需求就是户口;科学院所、高校需求就是薪酬。建设全球科技创新中心,完善创新人才生态,可以从这些方面着力。

赵全军研究员认为,建设人才生态的着力应该包括4个方面:一是事业平台。做好事业平台要突出有3个"感",第一个是选择感,就业人才选择大企业、大单位,民营新锐企业;一流人才选择新企业、新平台;创业人才选择大平台、大配套(成熟的孵化器,完整的产业链、便捷的创业服务)。第二个是获得感。让人才获得成功,获得更多的机会,获得更高的薪酬。第三个是存在感,让人才进入圈子、进入共同体,体现自身的价值。二是城市能级。衡量城市能级有3个标准,第一是政治地位,第二是经济水平,第三是"地铁+高铁+飞机互通"的交通区位。三是生活条件。这包括医疗教育、生活配套、自然条件。四是软环境,有没有开放包容的区域文化,有没有良好的政策制度,有没有准确简单、公平公正、便捷高效的政务服务,有没有高效配套的市场服务。在人才生态环境的建设上,要突出3个一致,大小环境要一致。大环境要开发,小环境要包容,对高端人才不能过于苛刻,以平常心对待人才;时间前后要一致,人才来了之前要客气、来了之后要和气,来前来后都是宝;政策服务要一致,不要让人才为申请10万元补贴跑10多次。

孙锐研究员认为,建设人才生态,要努力建设舒适生活环境。构建联系人才发展、城市生活、区域文化和社区网络的人才集聚开放系统，创造区域共享价值。构建高品质、高效能的公共管理及服务体系，形成国际一流城市风貌和人居环境。强化社会诚信，崇尚法治精神，塑造中西交融、兼容并蓄、开放多元、和谐共进的现代国际都市气质。打造工作、学习、生活一体化的知识社区，促进人才、组织、社区的丰富化、多元化联系。

（上海社会科学院政治与公共管理所　汪怿、朱雯霞整理）

参 考 文 献

1. 阿伦·拉奥、皮埃罗·斯加鲁菲：硅谷百年史——伟大的科技创新与创业历程，北京：人民邮电出版社 2014 年。

2. 维克多 W.黄 等著，诸葛越 译：硅谷生态圈：创新的雨林法则，北京：机械工业出版社 2015 年。

3. 上海市科学学研究所：促进上海创新生态系统发展的研究，上海：上海世纪出版集团 2015 年。

4. PRESIDENT'S COUNCIL OF ADVISORS ON SCIENCE AND TECHNOLOGY（2004）Sustaining the Nation's Innovation Ecosystems：Maintaining the Strength of Our Science and Engineering Capabilities，2004.

5. Robert M. Yawson，The Ecological System of Innovation：A New Architectural Framework for a Functional Evidence-Based Platform for Science and Innovation Policy，http://

ssrn.com/abstract=1417676.

6. Collaborative Economics (2008), THE INNOVATION DRIVEN ECONOMIC DEVELOPMENT MODEL.
7. A PRACTICAL GUIDE FOR THE REGIONAL INNOVATION BROKER, www.innovatecalifornia.net.
8. Martti Launonen (2010) Global Best Practice for Managing Innovation Ecosystems and Hubs.
9. Center for Research and Development Strategy Japan Science and Technology Agency(2010), Framework for an Innovation Ecosystem Aimed at Solving Problems.
10. Allison Bramwell, Nicola Hepburn and David A. Wolfe (2012), Growing Innovation Ecosystems: University-Industry Knowledge Transfer and Regional Economic Development in Canada, Final Report to the Social Sciences and Humanities Research Council of Canada May 15, 2012.
11. MSME Umbrella Programme, Innovation Ecosystem: Cooperation Matters! The case of the SME, Cluster and Automotive Industry in German System, Deutsche Gesellschaft fur Internationale Zusammenarbeit(GIZ)Gmbh.
12. Ruth Graham (2013), Technology Innovation Ecosystem Benchmarking Study: Key findings from Phase 1, January 2013.
13. Deborah J. Jackson What is an Innovation Ecosystem?

National Science Foundation, Arlington, VA.

14. Thomas W. Peterson, Creating an Innovation Ecosystem.
15. Stephen Fleming (2013), The University's Role in an Innovation Ecosystem: The Georgia Tech Approach, Georgia Institute of Technology.
16. Hans Schaffers, Nicos Komninos & Marc Pallot (2012), Smart Cities as Innovation Ecosystems Sustained by the Future Internet, FIREBALL White Paper, www.fireball4smartcities.eu.
17. William Jeffrey (2015), Innovation Ecosystem: From a Company to a Nation, NEDO Forum.

图书在版编目(CIP)数据

全球科技创新中心人才生态建设 / 汪怿,朱雯霞著.
—上海: 上海社会科学院出版社,2018
ISBN 978-7-5520-2406-7

Ⅰ.①全… Ⅱ.①汪… ②朱… Ⅲ.①科技中心-人才研究-上海 Ⅳ.①G322.751

中国版本图书馆 CIP 数据核字(2018)第 179447 号

全球科技创新中心人才生态建设

著　　者: 汪　怿　朱雯霞
责任编辑: 刘欢欣
封面设计: 周清华
出版发行: 上海社会科学院出版社
上海顺昌路 622 号　邮编 200025
电话总机 021-63315900　销售热线 021-53063735
http://www.sassp.org.cn　E-mail:sassp@sass.org.cn
排　　版: 南京展望文化发展有限公司
印　　刷: 常熟市大宏印刷有限公司
开　　本: 710×1010 毫米　1/16 开
印　　张: 10.5
插　　页: 2
字　　数: 106 千字
版　　次: 2018 年 8 月第 1 版　2018 年 8 月第 1 次印刷

ISBN 978-7-5520-2406-7/G·768　定价:58.00 元